Paradigma cualitativo
Perspectiva de la investigación

La investigación cualitativa como enfoque para desarrollar los proyectos con visión social

Rubén Flores

Rubén Flores
Sultana del Lago Editores

Maracaibo, 2024.
PRIMERA EDICIÓN

HECHO EL DEPÓSITO DE LEY

ISBN: 9798328966337

Diseño de la portada:
Luis Perozo Cervantes

Diagramación y maquetación:
Sultana del Lago Editores

www.sultanadellago.com
+584246723597

Salvo lo dispuesto en los artículos 43 y 44 de la Ley sobre el Derecho de Autor, queda prohibida la reproducción o comunicación, total o parcial de este libro, siendo que cualquier individuo u organización que incurriere en la conducta impropia señalada, podrá ser perseguido penalmente conforme a lo establecido por los artículos del 119 al 124 eiusdem, constitutivos éstos del Título VII de la aludida ley y sin perjuicio de las responsabilidades civiles a las que pudiera haber lugar.

DEDICATORIA

A mi familia por su gran apoyo y comprensión en las metas que he trazado en mi carrera como profesor e investigador.

A todos mis hijos por su apoyo
Y en especial a mis
nietos.

AGRADECIMIENTOS Y COLABORACIÓN

A mis estudiantes y colegas por su aporte y conocimiento.
En la realización de este libro.

A mis amigos y amigas que me apoyaron con sus ideas sobre la concepción social, me han inspirado al desarrollo de este libro con gran esfuerzo.
El éxito de este libro es de ustedes.

INTRODUCCIÓN

La investigación cualitativa es una aproximación sistemática que permite describir las experiencias de la vida y darle significado. Su objetivo es ver los acontecimientos, acciones, normas y valores desde la perspectiva de la persona que están siendo estudiadas, por lo tanto, hay que tomar la perspectiva desde el sujeto. La acción cualitativa es una herramienta elemental para desarrollar una investigación con un alto contenido teórico y práctico, fundada en la descripción conceptual de la realidad social. Las actividades vinculadas a la acción cualitativa, constituyen estrategias articuladas con el conocimiento, la metodología, el análisis y la reflexión. La proyección y el alcance de estos aspectos y proceso que conforma la investigación bajo la modalidad cualitativa, epistemológica y ontológica. Aspectos que remite a la teoría y la práctica como un todo, el entendimiento a través de una actitud comprensiva con respecto a las acciones y el saber de todo los que participan en la investigación. Los procedimientos de investigación y el análisis combinan la acción con el conocimiento, es decir, el conocimiento valido se genera desde la acción. Que permite responder a las interrogantes formuladas en los problemas de estudio sociales, motivo para poner en marcha los proyectos vinculados al paradigma cualitativo. Es importante destacar que la participación de los actores sociales, dicha participación es la clave del estudio de la investigación cualitativa ya que este proceso le permite al investigador e investigadores o estudioso de los fenómenos sociales, avanzar en los procedimientos ordenados en el estudio de los hechos o casos hacia el interés de la investigación. Los procedimientos que responden a la concepción epistemológica y ontológica disciplinas que requiere de una didáctica y practica efectiva en su planteamiento, metodológico, teórico y práctico hecho que destaca el privilegio de la experiencia, la participación, la interpretación el análisis del planteamiento general de la problemática a solucionar. Es importante tener en cuenta que no hay que esperar el final de la investigación para llegar a la acción, pues todo lo que se va realizando en el proceso es acción y a su vez va incidiendo en la realidad. *Fuente German Mariño.*

Enfocarse en la investigación cualitativa implica nuevas posibilidades de general herramientas que permitirán analizar el camino más apegado a las necesidades de la investigación social, motivo fundamentar para direccionar los proyectos hacia una visión más amplia, más flexible y pragmática para difundir el conocimiento científico y social.

Donde la investigación en sus procedimientos tenga fundamentos verdaderos. Es importante que los estudiantes se identifique con el trabajo de investigación siguiendo un método de estudio específico cuyo propósito es profundizar en el conocimiento de los hechos y fenómeno mediante los procedimiento que hacen referencia a la investigación cualitativa ya que sus estudio proyectan al conocimiento real del estudio social en todo su sentido, es identificarse e interactuar con los actores sociales y conocer su realidad social, es el escenario apropiado para el estudio científico, social y humanista. Estudio que es de interés de estudiantes, académicos, sociólogos y psicólogos. Cabe destacar que la acción cualitativa es una estrategia de la investigación, fundada en la descripción conceptual dirigida, a un hecho o situación con carácter subjetivo, dentro del contexto de la realidad social.

El contenido de este libro se centra en los fundamentos cualitativos, dinámica de investigación direccionada a las actividades humanas. Aportando información que permite analizar la naturaleza social. Proceso relevante en la formulación del problema a investigar. El autor ha venido profundizando en el estudio cualitativo, investigación acción participativa, en el ámbito social, siguiendo la dinámica sobre las acciones personales y colectivas de individuos y grupos sociales, desarrollando actitudes reflexivas y críticas que permiten propuestas de acción y perspectiva de cambio social. En este sentido la investigación cualitativa orienta a producir conocimientos con carácter crítico, reflexivo y sistemático, es hacer investigación para aportar a la sociedad grandes beneficio.

CAPITULO I.
ACCIÓN CUALITATIVA

La acción cualitativa en sus procedimientos de estudio constituye estrategias de acción vinculadas al conocimiento, al análisis y a la investigación. Procesó que le permite al investigador e investigadores interpretar la naturaleza del problema y comprender la realidad social. A través de la acción cualitativa se busca de conocer las perspectivas de los participantes (personas o grupos), acerca de la problemática que los rodean, es afianzar sus opiniones, experiencias y significados, acción donde los participantes identifican su propia realidad. La acción como estrategia cualitativa sustenta principalmente la concepción de los hechos sociales. Enfoque de investigación que articula la teoría y la práctica y la fundamentación epistemológica y ontológica. En la investigación cualitativa son muchas las formulaciones, los análisis y las propuestas, que se contemplan en el estudio social, Como fuente del conocimiento y la acción teórica y práctica. El planteamiento cualitativo es una especie de plan de exploración (entendimiento emergente), que resulta apropiado cuando el investigador se interesa por el significado de las experiencias y valores humanos. La función propia de la investigación cualitativa es el proceso de análisis, el cual indica la característica de la investigación y su aproximación a la realidad del estudio. La reflexión y el análisis crítico, les permite al investigador e investigadores, interpretar y profundizar en torno a la investigación. La acción cualitativa dentro su proceso investigativo se fundamenta en los hechos y casos sociales, requerimientos para describir, explicar e interpretar la realidad social desde el procedimiento metodológico donde se puede sintetizar el proceso de estudio como punto de partida y punto de llegada acciones que se articulan al conocimiento, análisis e investigación, proceso que contribuye al enfoque dialectico de la realidad social, comprender e interpretar el fenómeno de estudio. La acción cualitativa es una disciplina que estudia, analiza, el contexto social que brinda la posibilidad de conocer sus condiciones de vida o de existencia del colectivo como un todo. La acción de la investigación cualitativa es adentrarse en el análisis exhaustivamente para conocer la problemática donde el investigador e investigadores fundamentan sus ideas en la apertura y flexibilidad en el propósito de la investigación.

La metodología constituye herramientas que fundamentan la teoría desde las perspectivas, interpretativas centradas en el entendimiento y procedimiento de la investigación. La acción cualitativa permite adquirir conocimiento sobre el fenómeno de estudio donde se orienta el descubrimiento, exploratorio y descriptivo. El propio proceso hace que el investigador e investigadores profundicen la perspectiva de los sujetos en sus distintos espacios, es decir desde adentro. El verdadero método se adapta a la naturaleza de las cosas sometidas a investigación, (Husserl).

La acción cualitativa y la metodología exigen estrategias referidas al proceso de investigación donde la interacción sujeto y sujeto, conozcan a profundidad la realidad social. A través de la vinculación conocimiento, análisis e investigación, enfoque desde una posición epistemológica, ontológica y fenomenológica planteamientos que promueve la teoría y la práctica, praxis que estudia los hechos, casos dentro del contexto social. Para el investigador e investigadores su proceso de investigación consiste en conocer y ser capaz de dar a conocer su investigación a través del desarrollo, y ejecución del proyecto con sentido estructural semánticos de la realidad social. Comprender el sentido a la acción cualitativa por los propios actores sociales, (colectivos). PARA IRENES GIALDINO (2012). Señala que la investigación cualitativa abarca distintas orientaciones y enfoques, diversas tradiciones intelectuales y disciplinas que muchas veces, en diferentes presupuestos filosóficos y que despliegan renovadas estrategias tanto de recolección como de análisis de los datos.

Esta multiplicidad de concepciones acerca de aquello que se conoce, de lo que se puede conocer, de como se conoce y la forma en la que se han de transmitir los resultados obtenidos, habla de la necesidad de señalar que no hay una sola forma legítima de hacer investigación cualitativa. En pocas palabras podemos intuir que la realidad de la investigación cualitativa está sujeta al problema, al investigador e investigadores y al método. Este aporte constituye la comprensión y profundización de las estrategias metodológicas y los procedimientos ordenados de la investigación cualitativa, función que le permite al investigador e investigadores aplicar sus propios métodos, procedimientos, y habilidades, con el propósito de conocer, analizar e interpretar el problema de investigación. Cuando hablamos de investigación cualitativa en sus acciones estamos refiriéndonos a los procesos de exclusión, a las necesidades y los problemas sociales esto implica que el investigador e investigadores deben extender su mirada y conocimiento sobre las realidades sociales, culturales, ideológicas, religiosas y político. Donde el conocimiento es la búsqueda de la verdad, o sea de un juicio que es el resultado de la concordancia entre el lenguaje, el pensamiento y la realidad.

PARADIGMA CUALITATIVO

El término cualitativo es un adjetivo que proviene del latín qualitativus, donde lo cualitativo es la vinculación con cualidad de la calidad de algo, es decir con el modo de ser o con la propiedad que posee un individuo. Calidad que incide en la optimización de las herramientas y análisis, procesos que fundamentan la teoría el cual tiene que ser coherente con los datos de acuerdo con lo observado para general perspectivas teóricas y prácticas en la praxis de investigación y la síntesis de su estudio. El paradigma cualitativo es una perspectiva interpretativa centrada en el entendimiento acción propicia basada en el análisis de datos, (comprender a los actores sociales en sus contextos). El paradigma cualitativo se considera un indicador estratégico para el investigador e investigadores ya que integran técnicas desde diferentes perspectivas de la investigación y su articulación con la metodología estrategia que conlleva a la participación en una relación directa con el sujeto y sujeto activo, donde se conoce sus opiniones, pensamiento e ideas todo relacionados con la acción cualitativa procedimiento lógico e inductivo, el conocimiento desde el paradigma cualitativo (lenguaje, análisis y lógica).Es la interpretación de la realidad estudiada, donde el observador se aproxima al fenómeno observado. La concepción epistemológica y ontológica disciplinas que profundizan el estudio para la realidad social, el cual se fundamenta en la perspectiva de la investigación donde se conoce, se identifican y se interpreta el problema en estudio. El investigador e investigadores cualitativos deben conducir los procedimientos teóricos, práctico y críticos que tiene como objeto enfatizar el conocimiento que permita analizar e investigar las estructuras sociales y diseñar e implementar proyectos de investigación, programas, gestionar y organizar instituciones, desde las estrategias metodológica acción que constituye una guía para la investigación y así fundamentar los objetivos con enfoques cualitativo y promover la transformación social y orientar la investigación en beneficio de los colectivo. Según Martínez, M (1989). Indica que el paradigma cualitativo, es el estudio de un todo integrado que forma o construye una unidad de análisis y hace que algo sea lo que un producto determinado, una persona o grupos de personas. El paradigma cualitativo artículos los procedimientos epistemológico, ontológico y metodológico acciones que orientan la teoría en la dinámica de la investigación en lo más amplio de su estudio descriptivo y la comprensión de la realidad estudiada.

La observación y la participación son herramientas de apoyo para los investigadores cualitativos, donde en su estudio vinculan la teoría y lo práctico desde el conocimiento, la acción y los valores. Cabe destacar que el paradigma cualitativo se plantea una serie de expresiones que el investigador e investigadores deben tomar en cuenta para realizar su trabajo de investigación, acciones que se centran en los métodos y sus estrategias. Los principales métodos de investigación desde el paradigma cualitativo son los siguientes.

Histórico y analístico: consiste en ver como evoluciona y se desarrolla un fenómeno, en observar las expectativas del futuro, analizándolas años tras años. Siendo entonces un estudio longitudinal, los más completos, pero también difíciles de seguir en ellos, se suelen buscar grupos representativos y homogéneos.

Etnográfico el investigador busca de sacar la estructura, el conocimiento y las tradiciones de una cultura en concreto. Aquí el investigador se convierte en parte e integrante de la cultura social, para poder ser participativa y obtener así una interpretación lo más real, aceptada y completa.

Estudio de caso o también llamada monografía: Sería algo así como la reducción de la etnografía a una persona, acontecimientos, proceso o grupos concretos cuya característica son determinadas. Fuente, Dr. Luis miguel M. Olivares.

La comprensión de los métodos va a permitir conceptualizar la problemática y explicar las interrogantes estudiadas dentro el enfoque del paradigma cualitativo donde (el problema de investigación hace referencia al que), (el diseño de investigación hace referencia al cómo). Procedimiento que inducen a la aplicación de estrategia metodológica, al análisis crítico, observación, técnicas, recurso, práctica y participación. Acciones sistemáticas que van a consolidar la investigación desde el paradigma cualitativo. El conocimiento, el análisis e investigación se convierten en un fundamento importante para el abordaje metodológico, que conlleva a diversas actividades por parte del investigador e investigadores donde la habilidad de interpretación y análisis crítico y reflexivo son parte del proceso de la investigación donde el nivel de la exigencia son la subjetividad en la explicación y la comprensión dialéctica y sistemática de los planteamientos del paradigma cualitativo, (inductivo).

INVESTIGACIÓN CUALITATIVA

La investigación cualitativa desde una perspectiva estratégica indica el sentido estricto en los procedimientos de estudio sistemático, rigurosos donde se describen los sucesos complejos en su medio natural. Acerca del modelo epistemológico, (conocimiento científico de la realidad) proceso activo de inducción y la interpretación que permiten plantear valores, ideas, prácticas, técnicas desde el enfoque socio-crítico y reflexivo, fundamentada en la observación, el análisis, la sistematización y la participación, de los sujetos activos. El investigador e investigadores forman parte del mundo social donde realizan sus propias descripciones de la realidad en estudio. La visión cualitativa desde la subjetividad permite interpretar los factores internos y externos de la investigación como causales que existen y que configuran una realidad en su contexto natural como suceden las cosas. Según Orozco, (1996). Define la investigación cualitativa como un proceso de indagación de un objeto el cual el investigador accede a través de interpretaciones sucesivas, con la ayuda de instrumentos y técnicas, que le permitan involucrarse con el objeto para interpretarlo de una forma más integrar posible. Quizás esta definición se encierra las características más importantes de las perspectivas de la investigación. En principio es un proceso, una construcción que en el tiempo se va superando. En este mismo sentido el uso de estrategias metodológicas en la investigación cualitativa permite sistematizar y analizar todas las experiencias y concreta la investigación y establece propuestas vinculadas al proyecto.

La investigación cualitativa es la consolidación del análisis crítico que va formulando la praxis de investigación donde la metodología es promovida desde la observación, diagnostico social, la teoría, la práctica y la participación. Para Stake (1999), la investigación cualitativa desde su subjetividad dentro del contexto de la realidad social se evalúa siguiendo la estrategia metodológica y del método, a partir del proceso de sistematización y su ordenamiento en la interpretación y reflexión. En el desarrollo de las actividades prácticas en estudio, el investigador e investigadores cualitativos tienen que ser subjetivos donde asumen la acción inductiva relación fundamental para la elaboración de proyectos de investigación cualitativo donde tendrá un carácter emergente, construyéndose a medida que se avanza en el proceso de estudio sobre la acción investigativa, a través del cual se puede recabar las distintas visiones y perspectivas de los participantes, es decir sujetos y sujetos. La articulación de técnicas, instrumentos y estrategias son importante en el desarrollo de la investigación ya que permiten recabar datos que informan la particularidad de situaciones permitiendo la descripción minuciosa de la realidad estudiada y profundizar en el proceso de la investigación desde su enfoque científico social.

CARACTERÍSTICAS QUE REMITEN LA ACCIÓN A LA INVESTIGACIÓN CUALITATIVA

Toda investigación tiene sus características el cual remite a la orientación de la investigación. Las características en el proceso de investigación describen desde una manera más estructurada la formulación del problema en estudio donde la acción cualitativa tiene su propia característica que va cobrando mayor relevancia en el proceso de investigación.

Fraenkel y Wallen (1996). Señalan algunas características orientadas a la acción de la investigación cualitativa.

– El ambiente natural y el contexto que se da en el asunto o problema, es la fuente primaria para el investigador.

– La recolección de los datos es mayormente verbal que cuantitativo.

– Los investigadores enfatizan en el proceso como resultados.

– El análisis de los datos seda más de modo inductivo.

– El investigador se interesa por saber cómo los sujetos en el proceso de investigación, piensa y que significado poseen sus perspectivas en el asunto a investigar.

Las características señaladas son enfoque que coadyuvan en el proceso de investigación facilitando las estrategias y herramientas metodológicas que consolida la investigación cualitativa y su aporte a la teoría para contextualizar la problemática y fundamentar el proyecto social. En este sentido el investigador e investigadores dichas características les generan un acercamiento, a la epistemología interpretativa (intersubjetiva), metodológica y sistemática relación para formular el problema centrado en el paradigma cualitativo. Proceso de investigación que atiende los procedimientos teóricos y prácticos en una relación directa con la investigación cualitativa, compartiendo así con todas las modalidades y enfoques que hacen parte de la investigación científica social. Es muy importante la vinculación de los investigadores con el escenario de investigación ya que su estudio hace referencia al conocimiento y a nuevos planteamientos a las propuestas sociales y su transformación.

ENFOQUE CUALITATIVO

En el enfoque cualitativo el investigador e investigadores deben tener ideas claras sobre el estudio que va a realizar donde tiene que precisar el problema y acentuar el estudio investigativo. La investigación en su enfoque cualitativo parte de la ideas, conocimiento, análisis e interpretación procedimiento que desde la proyección metodológica busca de consolidar la teoría y la práctica elementos imprescindible en la praxis cualitativa. TAYLOR Y R. BOGDAN (1996). Señala que la metodología designa el modo en que enfocamos los problemas y buscamos la solución. El diagnóstico social y el diagnóstico participativo son enfoque que hacen referencias en la praxis de la investigación cualitativa. Proceso inductivo y subjetivo, producto de las interacciones y uso sistemático originando relaciones con otros eventos e identificando la realidad estudiada. La acción cualitativa se orienta a través de las siguientes disciplinas epistemología, etnográfica, ontología, fenomenología y holística. Referencias a la acción cualitativa, conocer y actuar énfasis en la praxis social.

Para desarrollar el planteamiento del problema desde el enfoque cualitativo, el investigador e investigadores, una vez que ya tienen la idea del estudio, deberán familiarizarse con el tema a investigar. Esto es porque aun y cuando los estudios cualitativos son inductivos se recomienda conocer con mayor profundidad el escenario de investigación. Lo cualitativo, (que es el todo integrado) no se opone a lo cuantitativo (que es un solo aspecto), sino que lo implica e integra. La particularidad de la investigación cualitativa, es interactiva, interpretativa, inductiva y reflexiva. La formulación del problema es la clave en el proceso de la investigación cualitativa ya que su perspectiva va orientada. Con el método o camino que permite conocer la realidad generando propuestas de acción para articular la teoría y la práctica enfoque de aplicación del conocimiento, la metodología y el análisis.

UNIDAD DE ANÁLISIS

Para ROBERT. K YIN, (1994). Propone sofisticar el diseño de la investigación aplicando diferentes unidades de análisis que permiten definir que es un caso. Cuando el estudio de caso se realiza sobre un objeto concreto por ejemplo una persona (paciente, líderes y estudiantes). Aquí la unidad de análisis está muy clara porque es el propio objeto investigado. En cambio, un estudio de caso sobre fenómenos o acontecimientos se consideran una o varias unidades de análisis donde se permiten definir los límites del caso para diferéncialos de sus contextos y orienten la elaboración de los resultados establecido en el proceso de investigación cualitativa e interpretación en el análisis.

A nuestro en tender. La unidad de análisis permite la interpretación de la realidad y sus hechos y para poder entender su entorno la estrategia metodológica es fundamental para conocer el problema, es decir explicar las causas en el propio proceso de la investigación. La unidad de análisis es una acción vincula al conocimiento a partir de la investigación cualitativa.

La acción cualitativa en su estudio es más comprensiva y a través del análisis se debe focalizar el problema en estudio. Estrategias que se establecen en el proceso cualitativo, el cual es conocer los hechos, procesos, estructuras, personas o grupos de personas y no a través de medición de algunos elementos de carácter único a las observaciones. La investigación cualitativa estudia la realidad en su contexto natural, como suceden las cosas.

ACCIÓN CUALITATIVA EN SU PROCESO DE ESTUDIO:

– La investigación cualitativa es inductiva.
– Su perspectiva es holística.
– Hace énfasis al procedimiento de investigación en torno a la realidad

– La investigación es de naturaleza flexible el cual analiza y comprende al sujeto – sujeto

– La investigación cualitativa es una aproximación sistemática que permite describir las experiencias de la vida y darles significados

– La investigación cualitativa se vincula a los modelos filosóficos y científico, proceso que permiten darle sentido y razón a la investigación

PROBLEMAS CUALITATIVOS:

El problema cualitativo es el conocimiento de las situaciones a investigar ya adentrando en el tema se plantea el problema de investigación. Su interés consiste en conocer como se establece o como ocurre el proceso del problema en su propia naturaleza dialectico y sistemático, El planteamiento cualitativo es la comprensión y entendimiento de la realidad investigada. PATTON (2002), identifico las siguientes áreas y necesidades como adecuadas para el planteamiento cualitativo referentes al proceso del problema, por ejemplo, en torno a un programa educativo, o uno de cambio de organizaciones, a) el centro de investigación está formado por la experiencia del participante en torno al proceso particularmente si subraya los resultados individualizados b) es necesario la información detallada y profunda acerca del proceso. c) se busca conocer la diversidad de idiosincrasias y cualidades únicas del participante en el proceso de investigación.

El problema de investigación incluye en su proceso cualitativo. Objetivos, preguntas de investigación, justificación, viabilidad, análisis crítico posiciones que atiende al conocimiento del problema donde se hacen la descripción y valoración de los datos. El propósito del problema cualitativo es la captación de la realidad estudiada fundamentada desde la estrategia metodológica y el análisis crítico e interpretativo acción que contribuye a conocer como ocurre el verdadero proceso de la investigación. Para Hernández sampieri y otros. Lo procedimientos de análisis y criterios aplicados en el método cualitativo desarrolla habilidades entre los grupos a través de la comunicación la participación, ideas, análisis crítico, la interpretación teórica y práctica estrategias que orienta la sistematización donde se exponen la vivencias y las experiencias de la realidad estudiada. Es importante para el investigador e investigadores formular el problema en el proceso de investigación y así apuntar a elementos valiosos para la resolución de la problemática, postura que contribuye al conocimiento científico social. El proceso de investigación su estudio debe partir desde lo epistemológico sustentable en el ámbito científico y social.

Según, Maanen (1983), el método cualitativo puede ser visto como un término que cubre una serie de métodos y técnicas con valor interpretativo que pretende describir, analizar, descodificar, traducir y sistematizar el significado del hecho que se suscitan más o menos de manera natural. La investigación cualitativa en su contexto natural es interpretativa hacia su objeto de estudio, por lo que estudia la realidad en su contexto natural.

PRAXIS CUALITATIVA EN LA ACCIÓN SOCIAL:

Praxis cualitativa es la dimensión en los procesos que implica tomar decisiones, acciones estratégicas para el desarrollo de la investigación opción que profundiza el sentido epistemológico y metodológico herramientas que se ponen en práctica para fundamentar los aspectos y proceso que conforma la investigación bajo la praxis cualitativa estrategia para identificar el estudio de la realidad social, donde el rigor metodológico permite la contextualización de la práctica sociales, su explicación dialéctica ubicada dentro de la concepción del conocimiento dialectico (acción, reflexión teórica, praxis social).

La vinculación de la praxis cualitativa en la acción social es el espacio que permite una ampliación del proceso-teórico-práctico-sistemático, objetiva, de reflexión e investigación continua sobre la realidad. Donde la participación, la experiencia, la teoría y la práctica van a ser resultado del aporte de ideas, de análisis, comunicación con los actores sociales, sujeto y sujeto. El estudio investigativo es el espacio que permite el aprendizaje colectivo y cómo interpretar la realidad desde el análisis crítico que estimule la práctica transformadora y los cambios de las estructuras sociales. La investigación cualitativa tiene como punto central comprender la intención del acto social, esto es la estructura de motivaciones que tiene el sujeto, metas que persigue, el propósito que orienta su conducta, los valores, sentimientos, creencias que lo dirigen. La investigación cualitativa aborda el mundo subjetivo, la estructura de motivaciones, valores y pensamiento de las personas en su ámbito social. Fuente julio m Navarrete.

La praxis cualitativa e interpretativa de la acción social como proceso de investigación establece competencias que hacen referencia al saber y conocer, en el alcance de la investigación.

INVESTIGACIÓN SOCIOCRÍTICA:

La investigación vincula la crítica y la reflexión acciones presentes en la participación, la teoría y la practica desde el enfoque cualitativo para transformar la realidad social. El estudio socio crítico se fundamenta en la crítica social donde se vinculan la teoría la práctica e interpretación de la realidad social. Praxis práctica (conocimiento, acción y valores), su interés es conocer lo objetivo y lo subjetivo a través de las estrategias metodológica desarrollada en el proceso de investigación cualitativa, (inductiva).la investigación socio critica nos permite intercambiar saberes y obtener información sobre la realidad social y darle un nivel de interpretación directa o indirecta que expresan la persona o grupos de personas, (el colectivo).el enfoque socio critico articulado a la investigación cualitativa hace énfasis en la problemática social y también se busca de entender por qué ocurren los hechos, y razón de su comportamiento. El investigado e investigadores se fundamentan en la participación activa y crítica, donde se describen la realidad identificada, cada una de las características que va determinando su relación a través de las causas y proceso que permite la transformación de la estructura de las relaciones sociales, para dar respuesta a la problemática desde la perspectiva crítica, los problemas parte de la realidad social. Estudio que se realiza desde la participación, de todos los actores sociales (colectivos).

El análisis socio-critico, la observación y la metodología constituyen mayor relevancia en el proceso de investigación lo que posibilita una mayor comprensión del conocimiento sobre el problema. Donde se describen las acciones teóricas, prácticas y sistemática y se centran en la descripción y comprensión del objeto de estudio. Escenario para conocer y comprender el procedimiento y estrategias aplicadas en el proceso de investigación cualitativa. El conocimiento socio-critico es la acción pragmática del pensamiento organizativo, relación permanente de análisis y sistematización en el proceso de investigación.

La investigación socio-critico se articula con los siguientes niveles de estudio:
- investigación cualitativa.
- investigación acción.
- investigación colaborativa.
- investigación acción participativa.

Estas relaciones permiten conocer las funciones relacionadas con el orden social, desde un proceso dinámico, auto reflexivo y sistemático. Estudio que consiste en promover la transformación social.

El análisis de la realidad desde la perspectiva de la investigación socio critica implica profundizar en el objeto de estudio paso fundamental para entender y explicar el orden social. Donde se pretende establecer una profunda participación del colectivo en el análisis de su propia realidad, con el objeto de promover la transformación social para el beneficio de los actores participante en el proceso de la investigación.

PARADIGMA INTERPRETATIVO:

Paradigma realidad dinámica del conocimiento, como praxis se centra en el estudio cualitativo, ontológico, fenomenológico, etnográfico y holístico. Interés que va dirigido al significado de las acciones humanas y la práctica social. Paradigma interpretativo o crítico es la praxis que orienta las estrategias metodológicas que buscan las causas que explique los fenómenos de la realidad social. De esta forma, el enfoque del paradigma interpretativo induce a la crítica reflexiva en los diferentes procesos del conocimiento como construcción social y de igual forma, el paradigma también induce al análisis crítico teniendo en cuenta la transformación social.

CARACTERÍSTICA DEL PARADIGMA INTERPRETATIVO:

– Su orientación es al descubrimiento donde se busca la interconexión de los elementos que pueden estar influyendo en algo que resulte de determinada manera.

− La relación investigadora y sujeta de estudio es la acción que existe en la participación democrática y comunicativa entre el investigador, investigadores y el sujeto investigado.
− Considera la entrevista, observación sistemática el estudio de caso como el método modelo de producción de conocimiento, su lógica es el conocimiento que permite al investigador entender lo que está pasando con el sujeto de estudio, a partir de la interpretación.
− Aspira al descubrimiento y comprensión de los fenómenos en condiciones naturales, su objetivo es penetrar en el mundo personal de los hombres y mujeres, como interpretar las situaciones, que significan para ellos, que intenciones, creencias, motivaciones les guía.
− Procura desarrollar un conocimiento ideográfico que se centra en la descripción y comprensión de lo individual lo único, lo particular, lo singular de los fenómenos.
− Entre la investigación y la acción existe una interacción permanente, la acción es fuente de conocimiento y la investigación se constituye en una acción transformadora.
− Desde la praxis del paradigma interpretativo el investigador e investigadores pueden comprender la realidad del estudio ya que su enfoque es ontológico, cualitativo, fenomenológico y humanista, dimensión crítica a la práctica social.

El paradigma interpretativo es la acción de análisis que coadyuva en todo el proceso de la investigación, es la integración del investigador e investigadores con los actores sociales sujeto y sujeto, donde se interactúa para conocer e interpretar. La perspectiva ontológica, fenomenológica de la investigación, habilidad para conocer activamente al sujeto investigador como base del conocimiento, criterios cualitativos para comprender e interpretar las características del paradigma desde una visión didáctica.

CLAUDE LEVI STRAUSS- ESTRUCTURALISMO:

La referencia al estructuralismo ha podido crear la ilusión de que las ciencias humanas era, por su método, el equivalente de las ciencias exactas, lo cual no tiene sentido, puesto que el objeto de estas sigue siendo histórico, que se toma de la propia historia y que varía con ella el universo que estudia actualmente los científicos es el mismo que el del siglo pasado o si ha cambiado, sus cambios no son histórico, ligado a una historia que es también la de los que los observa como en el caso de la ciencia humana.

El estructuralismo sigue siendo actual y útil en tres sentidos. En primer lugar, define un método para su estudio de algunos fenómenos, como los del parentesco, que los discípulos de levi-strauss defienden incluso en el contexto de las sociedades industriales. En segundo lugar, proporciona un instrumento de análisis crítico para el estudio de las ideologías e ilusiones de las evidencias que nos invaden en la actualidad. En el tercer lugar, propone un método materialista que aborda el funcionamiento del cerebro a través de sus creaciones institucionales y de sus obras. Actualmente, el cognitivismo toma el mismo camino, pero por el otro extremo, el aprendizaje. La brecha entre los dos extremos no está próxima a cerrarse, pero la dirección es la adecuada. En el mundo actual, el objeto de la antropología sigue siendo el mismo, la relación y más específicamente, la relación social, (entre uno y el otro, uno y los otros, los unos y los otros) en su contexto. En el mundo de hoy lo que ha cambiado es el contexto, a propósito de este se habla de globalización (económica y tecnológica) de urbanización (el mundo se convierte en una aldea y las grandes aldeas son mundo), de comunicación y de circulación. Pero los cambios del contexto afectan a la relación en sí misma. Las fronteras entre uno y el otro, entre lo actual y lo virtual, lo real y la ficción, se alteran. Por su objeto empírico (los pequeños grupos), su objeto teórico (la relación) y su vocación crítica (apta para demostrar cualquier forma de mitifica-

ción), la antropología tiene la vocación específica de estudiar el mundo contemporáneo bajo su doble y contradictorio aspectos, homogeneización y afirmación de las diferencias, Claude Levi Strauss. El problema no se encuentra tanto en el análisis del lenguaje, que es la estructura básica de la organización humana, si no en las construcciones socio culturales, que sin ser lenguaje se organizan como tal. Este problema del hecho social y fenómeno humano constituye el desafío permanente del que hacer, de lo científico social. El estructuralismo tiene su vinculación con lo epistémico en un lenguaje de conocimiento y análisis, donde se genera la posibilidad de establecer un modelo teórico y práctico para entender el significado social y cultural. Desde la perspectiva cualitativa el estructuralismo es la fuente del conocimiento social, donde el proceso de sistematización se realiza con sentidos científicos, sociales y culturales, proceso que permiten descubrir e interpretar la realidad social. Estudio que articula, el conocimiento, análisis, metodología y la reflexión.
Estrategias centradas a generar cambios en las estructuras sociales. El acceder a la comprensión de aquellos que vamos construyendo y organizando y que se sostiene de modo coherente con nuestras propias concepciones y capacidades innatas.

Creswell y su aporte a la acción cualitativa:
Creswell, considera que la investigación cualitativa es un proceso interpretativo de indagación basado en distintas tradiciones metodológicas fenomenológicas. La teoría fundamentada en los datos, la etnografía y el estudio de caso que examinan el problema humano o social. Quien investiga construye una imagen compleja y holística, analiza palabras, presenta detalladas perspectivas de los informantes y conduce el estudio a una situación natural.

La investigación cualitativa para Denzin y Lincoln, (1994) es multimetodica, naturalista e interpretativa. Es decir, que el investigador e investigadores cualitativos indagan en situaciones naturales, intentando dar sentido o interpretar los fenómenos en los términos del significado que las personas les otorgan a la investigación cualitativa, donde abarca el estudio y recolección de una variedad de materiales empírico, estudio de caso, experiencia personales, introspectivas, historia de vida, entrevistas, textos observacionales, que describen los momentos habituales y problemático y los significados en la vida de los individuos.

Creswell, señala las siguientes razones apremiantes para encarar un estudio cualitativo a) pregunta de investigación, la que en una investigación cualitativa comienza el termino como o que, b) el tema, que necesita ser explorado, C)la necesidad de presentar un detallado examen del tema, d) la exigencia de estudiar a las personas en su situación natural, e) la consideración del investigador como alguien que aprende activamente y puede narrar en termino de los actores en lugar de constituirse como experto que los evalué. La investigación cualitativa y fenomenológica enfatiza en los aspectos individuales y subjetivos de las experiencias, la fenomenología es el estudio sistemático de la subjetividad.

La línea de investigación cualitativa es un factor clave para el estudio social, ya que aporta estrategia que se fundamenta en la teoría, la práctica y la metodología, enfoques que le da valor a la diversidad del estudio a fin de comprenderlo en una dimensión más amplia y compleja, el cual tiene como propósito la orientación a un análisis interpretativo con el fin de dar lugar al conocimiento según el objetivo planteado en la investigación. Es señalar como los sujetos en la investigación piensan y que significado poseen sus perspectivas en la realidad que se investiga.

TALCOTT PARSON ÉNFASIS CUALITATIVO:

Lo importante es que la ciencia progrese a medida que es posible poner en relación hechos muy particulares, con sistemas generalizados de implicaciones en la naturaleza misma de los más altos desarrollos del conocimiento empírico a inverso en que la persecución del problema de investigación haya de orientarse de modo universalistas. En el énfasis cualitativo es la realidad como construcción social y condiciones históricas, la realidad como visión múltiple entendida a partir de la significación de los actores sociales en lo subjetivo. La aplicación el método es flexible que emergen del contexto de la experiencia de las personas y la interacción de los investigadores con la realidad y búsqueda del significado de las acciones de los actores sociales. Empleando como estrategia la entrevista, historia personal, grupos de discusiones, sujeto y sujeto que comprende e interpretan su realidad basada en la reflexión de los investigadores y actores sociales involucrados, Talcott Parsons (1984).

PERSPECTIVA CUALITATIVA Y SUS DIMENSIONES:

Son dimensiones propiedades subjetivas que unifican y dan sentido a cada acto o hecho social y está relacionado con cualidades, valores, motivos, contenidos, intenciones y acciones. La perspectiva teórica y práctica en la investigación cualitativa está ligada a la competencia metodológica ya que como herramienta permite el estudio y comprensión plena de la investigación social (subjetivo-intersubjetivo). La investigación cualitativa es inductiva, esta busca de precisar el problema de estudio para conocer e interpretar la realidad de la investigación. La concepción cualitativa fundamenta el abordaje metodológico, teórico, practico, procedimientos de análisis y de sistematización.

Neumann (1994) y Creswell (1997) sintetiza las actividades principales del investigador cualitativo con las siguientes acciones:
– Adquiere un punto de vista interno
– Utiliza diferentes técnicas de investigación y habilidades sociales de una manera flexible
– No define las variables con el fin de manipular experimentalmente
– Produce datos en forma de notas extensas diagramas o cuadro humanos
– Mantiene una doble perspectiva, analiza los aspectos explícitos como los implícitos.

Estas acciones cualitativas orientan al proceso de investigación a un procedimiento sistemático e interpretativo, acción que articula la teoría y práctica para describir el fenómeno estudiado y su realidad desde el contexto natural (tal y como sucede).la perspectiva cualitativa permite involucrar a los investigadores y actores sociales, (sujeto y sujeto). Integración que promueve la dinámica de la investigación desde su escenario, donde el conocimiento, la observación, el análisis y la objetividad van orientando la estrategia metodológica para la formulación del problema de investigación. La acción cualitativa es un proceso que estudia el entorno humano, desde un enfoque crítico en su auténtica dimensión, es así, como el investigador e investigadores y actores sociales se integran y fundamenta la dimensión epistemológica donde emerjan y fluyan las estrategias metodológicas más apropiadas en función a la propuesta de investigación.

A través del conocimiento se busca la verdad, punto de partida para efectuar, el trabajo de investigación e interpretar el paradigma de investigación desde el enfoque cualitativo o natural, con nuevos procedimientos procedente de la realidad social, (colectivo). que contribuya a evaluar y construir una visión sistemática y coherente propia del estudio, con propiedad de construir una teoría cercana a la realidad social y darles cumplimiento a los proyectos orientado a la transformación social.

La investigación cualitativa cruza todas las ciencias y disciplina de tal forma que se desarrolla y se aplican en la educación, sociología, psicología, antropología, etnografía y la investigación acción participativa. La investigación cualitativa es la fundamentación teórica que demuestra la subjetividad en un proceso de investigación social. Es un método que orienta la dialéctica del conocimiento a través del análisis crítico e interpretativo. La investigación cualitativa y su articulación con el análisis y la metodología, precisa la relación con el sujeto y sujeto activo y así conocer sus opiniones, pensamientos en general y sus ideas relacionadas con el enfoque de investigación.

CAPÍTULO II
ELEMENTOS FILOSÓFICOS VINCULADOS AL PARADIGMA CUALITATIVO.

La epistemología y su vinculación con la investigación cualitativa:

La epistemología conocimiento científico de la realidad, en este sentido busca de determinar o justificar la verdad. La epistemología como ciencia se vincula con lo cualitativo creándole al investigador e investigadores condiciones necesarias para los procedimientos de investigación en torno a la realidad. Acciones articuladas a la ontología, y la metodología niveles que se asocian a la interpretación (objetiva y subjetiva), fundamentos para guiar el estudio investigativo, con la participación de los actores sociales, (sujeto y sujeto). Desde esta perspectiva la acciones epistemológicas y cualitativas permiten describir las estrategias vinculadas a la teoría y a la práctica, concepto que se asocian al conocimiento, análisis e investigación, camino para estudiar y observar la realidad y formular el problema, desde un procedimiento reflexivo, sistemático y crítico. El investigar no solo ha sido explicado y entendido desde el punto de vista filosófico y epistémico, si no que en la vida cotidiana y en la actividad práctica se utiliza numerosos términos y conceptos que se asocian con sus funciones desde su enfoque socio crítico, objetivo, subjetivo e intersubjetivo. La concepción epistemológica y cualitativa fundamenta el estudio científico social, y propician la metodología como estrategia para la interpretación del proceso social en su medio natural, la investigación es una actividad que ayuda a socializar el conocimiento, es decir establece el trabajo teórico, práctico, técnico, y analiza los hallazgos surgido de la investigación desde el nivel epistemológico y cualitativo, dichos procedimientos van a coadyuvar al proceso de investigación y da lugar a las estrategias metodológicas y preparar las acciones para abordar el fenómeno social.

La reflexión epistemológica y cualitativa es el acercamiento, a la conciencia analítica, idea, al carácter científico, crítico, dialéctico, inductivo e interpretativo, conceptos relacionados con el conocimiento, y que da lugar a la investigación fundada a la descripción conceptual de los hechos o casos. En estos procedimientos es importante analizar y evaluar las acciones del medio social, (análisis de la realidad), donde los objetivos reflejen el propósito teórico y práctico, en la formulación del problema.

La vinculación epistemológica y la investigación cualitativa son elementos de conocimiento y análisis que generan importantes aportaciones, desde el estudio social, proyectándose a los procedimientos y métodos que son aplicados en la investigación en un ordenamiento lógico y secuencial que permita llegar al objetivo previamente establecido.

Todos los procedimientos epistémicos y cualitativos son propios de interpretación, análisis y sistematización, que se integran a la base para solución del problema y elaborar el proyecto de investigación

EPISTEMOLOGÍA:

La epistemología gnoseología o teoría del conocimiento, su concepción filosófica es una confluencia de las acciones prácticas, objetivas, análisis crítico y valorativa. El estudio de la epistemología se ha realizado en el contexto de la filosofía, sociología, educación y la política. Su praxis se fundamenta en el conocimiento científico en base a su estudio, en la cual coadyuva en el proceso teórico y práctico, con planteamientos epistemológico y metodológico que guíen con claridad el método aplicado en la investigación y también ir más allá del estudio de la realidad social es conocer al sujeto como un todo.

La epistemología desde su naturaleza científica su importancia en la producción del conocimiento es explicar la variedad y origen de la investigación desde su procedimiento metodológico, proceso de la reflexión sobre el conocimiento y la realidad estudiada, que se fundamenta en lo socio crítico, (intersubjetivo, práctica y transformación social). Para Vélez, Jaime; la epistemología es el tratado del conocimiento, es decir aquella parte de la filosofía que tiene por objeto juzgar la validez de nuestro conocimiento. El enfoque epistemológico se ocupa de las definiciones del saber y los conceptos relacionados de la fuente y los criterios surgido del conocimiento. La acción epistemológica en su interpretación plantea conceptualizar los valores, ideas y análisis, que fundamente el desarrollo de la investigación desde un enfoque amplio y flexible. Proceso que permita comprender, interpretar y explicar el fenómeno de estudio.

Por su parte Guanipa, M. (2011). el problema fundamental que ocupa a la epistemología es establecer la relación entre el ser cognoscente (sujeto) y el proceso o fenómeno sobre el cual se desarrolla su actividad cognitiva (objeto). De este modo el problema se presenta en la relación de quien conoce y lo que es cognoscible. A nivel de la teoría del conocimiento la postmodernidad también fundamenta nuevos principios, donde la vinculación sujeto y sujeto sea componentes del conocimiento. Que el investigador e investigadores y actores sociales formen parte del mundo de la investigación social, del hecho, de la realidad. Esto implica un proceso metodológico sumamente importante que se manifieste en toda la acción de la investigación, desde la participación, es un proceso en la cual los investigadores integran, reconstruyen, y representan en diversos indicadores producidos durante el proceso de investigación. El proceso epistemológico se articula aun sintagma que busca trascender el paradigma en la praxis de la investigación en la cual su proceso es dinámico e integrativo donde se conjuga el conocimiento científico y lo empírico, (saber popular). En la investigación social, la acción epistemológica desde su análisis orienta al investigador e investigadores a la descripción y formulación del problema, estrategia metodología basada en enfoque sistemático, análisis crítico, y planificación Situación que conduce al conocimiento científico social.

ONTOLOGÍA:

La ontología rama de la filosofía que estudia la naturaleza del "ser existencia y la realidad, determinando las categorías fundamentales y la relaciones" "del ser en cuanto a al ser". La concepción ontológica es un proceso en el cual se especifica la forma y la naturaleza de la realidad social, la ontología es el contenido esencial para el conocimiento humano. La reflexión ontológica se ha acentuado en la investigación social ya que establece criterios, objetivo y subjetivo dándole verdadero sentido al proceso de investigación sustentado en concepciones teóricas y metodológicas que remiten a fundamentos epistemológicos. La actividad humana se realiza en un contexto natural en su aspecto objetivo y subjetivo, (histórico y social) y absoluto (cultural). La subjetividad humana solo tiene sentido en el seno de una sociedad y en relaciones con ellas. El punto de partida de la ontología es el análisis de la vida cotidiana reflejo de la realidad.

La investigación cualitativa y lo ontológico proporcionara elementos comunes en el proceso de la investigación social. (estudio científico social);estudios que permitirán al investigador e investigadores y actores sociales,(sujeto y sujeto) a profundizar y establecer criterios comunes que facilitaran mejor comprensión de la objetividad y subjetividad del conocimiento científico social, estudio que invita a observar, indagar, conocer y analizar e interpretar la verdadera realidad social y su dialéctica, desde esta perspectiva se fundamenta la definición del problema acción que permite la formulación y ejecución del proyecto orientado a las transformaciones sociales.

NIVEL ONTOLÓGICO ACCIÓN CUALITATIVA:

La articulación del nivel ontológico y la acción cualitativa aportan los fundamentos para la investigación científica y social, permitiendo un acercamiento al propósito teórico y práctico. En este sentido el nivel ontológico y la acción cualitativa conducen al conocimiento, análisis y reflexión. Son elementos más cercanos al investigar los hechos sociales, acciones que les permitirán al investigador e investigadores ir identificando y sustentando el trabajo de investigación e implementar estrategia

Metodológica con la comprensión y sentido de la realidad social. El nivel ontológico concibe la realidad social e interpreta sus valores, ideas, prácticas culturales y los cambios sociales. La acción cualitativa se fundamenta en interpretar la naturaleza del problema y adentrándose en el fenómeno, hecho o caso, apertura y flexibilidad en el propósito de la investigación.

La reflexión epistemológica y metodológico se vinculan en el proceso de investigación generando estrategias que permite comprender el proceso de investigación desde el momento de la elección del tema a investigar hasta su análisis e interpretación.

La postura epistemológica, ontológica y la acción cualitativa, acciones que van a intensificar el estudio teórico, práctico y metodológico. Factor que debe tener presente al realizar la investigación y también, para ir más allá de la descripción de la realidad social. El planteamiento ontológico de la realidad repercute en la relación del investigador e investigadores con los actores sujeto dando a conocer la realidad que se investiga.

La acción cualitativa le otorga gran importancia al proceso de la investigación por su nivel conocimiento, análisis y reflexión.

La relación del nivel ontológico y la acción cualitativa permiten fundamental la característica propias del hecho social, donde el investigador e investigadores conceptualizan e indican el nivel de objetividad, transdisciplinaridad y la precisión del proceso de investigación.

AXIOLOGÍA:

La axiología rama filosófica que centra su estudio en la naturaleza de los valores y principios que son aquellos que permitirán determinar la valides o no de algo o alguien, para luego formular sus fundamentos o juicios, formular teorías. La interpretación teórica sobre los valores ha encontrado una aplicación especial en la ética y en la estética, ámbito donde el concepto de valor posee una relevancia específica. Para Friedrich Nietzsche, no hay una diferencia esencial entre lo que la concepción tradicional llama juicio de valor y los juicios científicos, ya que ambos están fundamentados en valoraciones que se han configurado históricamente y que constituye por sí misma los modos específicos de interpretar y vivir. En la praxis de la investigación cualitativa, es conocer e interpretar la naturaleza de la investigación relación que implica los valores y sus principios y establecer una relación dialéctica entre la sociedad y el conocimiento que sustente la ética, la estética teórica, metodológica que se plantea develar los significados sociales, tales como descubrir los valores, ideas, percepciones y decisiones contribuyendo a consolidar los procesos de la investigación cualitativa y axiológico y elevar la capacidad de respuestas e intervención de los investigadores y actores sociales que lo integran. En este sentido, es fundamental reconocer la investigación cualitativa y su estrategia metodológica y su articulación con la epistemología interpretativa, (intersubjetiva).

HOLÍSTICA:

La holística su enfoque permite entender los eventos desde el punto de vista de las interacciones que las caracterizan y que corresponde a una actitud integradora como también a la teoría explicativa, la holística se refiere a la manera de ver las cosas en su totalidad, y su conjunto. La holística en su etapa filosófica es introspectiva, profundiza en el análisis, metódico y trasciende a los hechos, casos y contexto.

El enfoque holístico confronta la realidad como también es la búsqueda del conocimiento siguiendo el proceso de la investigación cualitativa, vinculada a la epistemología proceso que permite orientar a la investigación.

La articulación de la acción cualitativa y la holística es enfocar las estrategias metodológicas que contribuyan al proceso de investigación y su aplicación como describir (hecho), analizar (el tema de investigación), explorar (observación) evaluar (recomendaciones). Aplicaciones que permiten darles sentido y razón al estudio cualitativo y holístico en su proceso científico social. La concepción holística se presenta como experiencia integradora debido a su propia sinergia que está orientada hacia la comprensión de los fenómenos sociales. A través del estudio cualitativo y holístico es centrarse en la dimensión social donde la teoría y la práctica, permiten interpretar los diferentes aspectos que implican el estudio de la realidad social.

El pensamiento holístico se expresa a través de las ciencias de las disciplinas, como también por medio de los métodos, tácticas y las técnicas que constituyen la holística una condición filosófica capaz de irradiar la actividad como también es la búsqueda del conocimiento, la metódica y la sistematización.

MARCO INTERPRETATIVO FILOSÓFICO				
MARCO INTERPRETATIVO	CREENCIAS ONTOLOGICAS	CREENCIAS EPISTEMOLOGICAS	CREENCIAS AXIOLOGICAS	CREENCIAS METODOLOGIAS
POSTPOSITIVISMO	Existe solo una realidad fuera de nosotros misma, ahí afuera. El investigador no puede ser capaz de entender o de obtener eso.	La realidad puede ser solamente aproximada, aunque puede ser construida a través de la investigación y de las estadísticas. La interacción con los sujetos de investigación se mantiene al mínimo. La validez viene de los pares no de los participantes.	Los prejuicios del investigador necesitan ser controlados y no deberán ser expresados en el estudio.	Usa el método y la escritura científica. El objeto de investigación es para crear nuevo conocimiento. Los métodos deductivos son importantes porque permiten probar las teorías. Específicamente son las variables que permiten hacer comparaciones entre los grupos.
CONSTRUCTIVISMO SOCIAL	Múltiples realidades son construidas a través de nuestras experiencias vividas y a través de las experiencias con otros.	La realidad es construida entre el investigador y lo investigado y la experiencia individual le da forma.	Los valores individuales son honrados y son negociados entre los individuos.	Se usa un estilo de escritura literario. Se usa un método inductivo de ideas emergentes, a través de consensos, y métodos como la entrevista, la observación y el análisis de textos.

TRANSFORMA-TIVO/ POSTMODER-NISMO	Participación entre investigadores y comunidades / individuos siendo estudiados. A veces emerge una realidad objetivo-subjetiva.	Hallazgos con-creados con múltiples caminos de conocimiento.	Respecto de los valores indígenas. Los valores necesitan ser problematizados e interrogados.	Se recomienda el uso de procesos colaborativos de investigación. Se promueve la participación política. Se cuestionan los métodos. Se subrayan los asuntos y las preocupaciones.

Conceptos de los principios filosóficos en la acción cualitativa.

Fuente: Dr. Arévalo / Diseño interpretativo por el autor

FENOMENOLOGÍA:

La fenomenología desde su enfoque filosófico permite describir y profundizar sobre el estudio social y conocer su realidad, en un contexto teórico y práctico. Para Martínez (1989), la fenomenología es un enfoque que orienta al investigador e investigadores, en la concordancia del conocimiento.

Edmundo Husserl desarrollo un procedimiento, de aplicación de la fenomenología, para enfrentarse al problema de clarificar la relación entre el acto de conocer y el objeto conocido. Por medio de la fenomenología se puede distinguir como son las cosas a partir de como uno piensa y como es en realidad, alcanzando así una comprensión más precisa de las bases conceptuales del conocimiento.

Las relaciones y proceso de la fenomenología y lo cualitativo procedimientos que orienta la investigación científico social, donde la interpretación es la herramienta más destacada para la construcción del conocimiento y del método. El énfasis a la validez de la investigación, es decir que lo cualitativo y lo fenomenológico promueven la relación de la participación, experiencia, explicación y el análisis crítico.

Para investigador e investigadores el procedimiento fenomenológico coadyuva a entender el estudio del fenómeno donde se interpreta y se capta la subjetividad. El enfoque fenomenológico en su estudio se vincula con la estrategia metodológica siendo estas adecuadas para el estudio relacionado con los cambios en el comportamiento de las estructuras sociales en todo su ámbito ya que permite realizar observaciones de los individuos en su contexto y conocer su realidad en un proceso de participación, observación, análisis y sistematización. Acción donde se establece las bases fenomenológica y cualitativa como teoría del conocimiento.

La fenomenología es fundamental en el proceso de investigación cualitativa debido a que es un método descriptivo, reflexivo, y de rigor filosófico, científico social y humanista orientando al estudio de la realidad percibida por el sujeto.

El investigador e investigadores en su proceso de estudio tienen que establecer contacto directo con el fenómeno que está siendo investigación, conocer y actual y comprender el fenómeno y analizar la descripción, experiencia del colectivo. Unas de las estrategias que el investigador e investigadores que deben aplicar para el proceso de investigación es la técnica de la observación participativa; así conocer y estudiar el fenómeno en su entorno natural, a través de estas técnicas o métodos. La estrategia es para conocer y obtener directamente toda la información que poseen los actores sociales, como la historia, relatos, experiencia, saberes culturales. Comprender el fenómeno y analizar la descripción de la experiencia vivida por el colectivo, (sujeto y sujeto) y así afrontar la problemática social desde la fenomenología, epistemología y la investigación cualitativa. Desde la perspectiva fenomenológica en su enfoque metodológico permite que el investigador e investigadores desarrollen acciones que se pongan en marcha, y tiene que ver con una mirada más allá del aquí y el ahora, y consolidar espacios para la vida, ideas y el pensamiento. Procuran habilitar y posibilitar el acceso a las comunidades, y conocer su propia realidad y transfórmalas a través del estudio cualitativo.

HERMENEUTICA VINCULACION CUALITATIVA

La hermenéutica es un amplificador de la acción teórica, interpretativas que procura establecer desde una óptica dialéctica, donde el todo siempre es más que la suma de su parte. La hermenéutica y su vinculación con la investigación cualitativa enfoque que se basa en el nivel epistemológico siguiendo las acciones de la interpretación de los fenómenos que acontecen en el contexto social. En este sentido la hermenéutica y la investigación cualitativa permiten al investigador e investigadores expresar con objetividad y subjetividad la realidad y sus diversas manifestaciones.

La hermenéutica como la investigación cualitativa en su proceso de estudio intensifican el desarrollo teórico, practico y sus procedimientos metodológico e interpretativo, conceptualización del problema y justificar la investigación con sentido científico social.

Hablar de hermenéutica e investigación cualitativa expresan una visión del conocimiento de la realidad investigada donde conlleva a la concepción del análisis y reflexión, alternativas investigativas que se caracterizan por la conceptualización, interpretación y socialización, praxis vinculada a la sistematización del estudio investigativo.

El método hermenéutico y la acción cualitativa se encuentran implícito en los procesos de investigación científico social.

Hermenéutica, "arte de la interpretación".

Investigación cualitativa, "paradigma interpretativo" acciones que al investigador e investigadores les permitirá realizar estrategias conjuntas de entendimiento, dialogo, valoración y compromiso con los actores sociales, donde el objeto final es la transformación de la realidad social en beneficio de las organizaciones sociales involucradas en el proceso de investigación.

La filosofía en las ciencias sociales, es el lenguaje científico, social y humanista, que contribuyen y precisa el pensamiento, la razón y el conocimiento humano. De este lenguaje surgirán importantes concepciones de la realidad social sobre el cual se desarrolla el proceso de investigación cualitativa, donde se contribuye con nuevas ideas, análisis, teorías con visión científica. Donde se establecen características comunes, que permitan el enriquecimiento mutuo de saberes expresada en la consolidación del proyecto de investigación cargado de propuestas concretas cercana al lenguaje filosófico, científico, social y humanista perspectiva dialógica de entender la realidad social.

Para Nietzsche el conocimiento inventivo, situado históricamente, verdadero solo en el sentido de ser condicionado por una época y en beneficio de la vida. Es el meollo del esfuerzo de interpretar, cuyo objeto y el de la filosofía convergen en construir sentido Hermenéutico.

CAPITULO III: PROCESO DE ORIENTACIÓN A LA INVESTIGACIÓN CUALITATIVA.

ETNOGRAFÍA:

La etnografía es uno de los métodos más relevantes que se viene utilizando en la investigación cualitativa. Su proceso consiste en la descripción de las situaciones, como evento, interacciones y comportamiento que son observables. La investigación etnográfica es un proceso sistemático de aproximación a una situación social, propia de su contexto natural. Para Anthony Gades, la etnografía es el estudio directo de personas o grupos durante un cierto periodo, utilizando en su estudio estrategia como la observación participativa o las entrevistas, para conocer su comportamiento social. La investigación etnográfica es el método de investigación por el que se conoce el modo de vida de una unidad social.

La etnografía puede recurrir a diferentes elementos para realizar sus estudios y analizar sus procedimientos y criterios de la realidad social, haciendo énfasis en el uso de herramientas y estrategias que son utilizado en el escenario de investigación proceso en el que el investigador e investigadores

deben poner en práctica para el análisis y procedimientos cualitativos, en este sentido la etnografía conforma los elementos que se consideran esenciales, de manera que la disciplina del investigador e investigadores se encuentren estrechamente relacionada con su labor investigativa. Donde se describen patrones generales, para así establecer un ambiente de convivencia, es decir entendimiento y hacer énfasis sobre las características del colectivo, (actores sociales)
. La investigación etnográfica y su vinculación, con la investigación cualitativa es una fuente de conocimiento donde se va adquiriendo mayor experiencia en los procedimientos de la investigación. Es decir, el investigador e investigadores, en el procedimiento e instrumentos tienen que constituir el verdadero objetivo del estudio o la investigación para la búsqueda y el hallazgo del conocimiento nuevo. La explicación y predicción de las conductas de los fenómenos sociales.

El investigador e investigadores tienen que ir más allá de lo académico. Es hacer conciencia de la investigación científica social con un propósito verdadero y con gran sentido humanista. Esto permite al investigador e investigadores y actores sociales que tengan un lugar compartido de trabajo investigativo, una conformación en un espectro más amplio más allá de la cotidianidad, así como un esfuerzo conjunto de participación que promueva al individuo a ser más crítico y comprometido con la transformación social, desde la perspectiva etnográfica y cualitativa, y darles a los proyectos sociales, el sentido y valor científico social.

CARACTERÌSTICAS DEL ESTUDIO ETNOGRÀFICO:

– Tiene un carácter fenomenológico interpretativo, este tipo de investigación se puede recurrir a diferentes elementos para realizar su estudio y analizar sus procedimientos y criterio de la realidad social.

– La perspectiva cualitativa, holística y el espacio natural, desde su estudio etnográfico recoge una visión profunda del ámbito social, estudiado desde distinto punto de vista, un punto de vista interno (el de los miembros del grupo) y una perspectiva externa (la interpretación del propio investigador).

– El estudio etnográfico es inductivo, se basa en la experiencia, costumbre, la participación y el análisis sobre la realidad social. A través de la observación participativa, como estrategia para conocer e interactuar y obtener información sobre su realidad social.

– La etnografía se orienta al conocimiento, fundamental en el estudio de la estructura social, proceso de la construcción de saberes y de enriquecimiento mutuo.

Con esta característica el estudio de la etnografía y su procedimiento se van comprendiendo y explicando los procesos del desarrollo humano. Relación que permite el estudio cualitativo y su acción teórica y práctica, que remite al enfoque epistemológico, ontológico y fenomenológico.

Las características para conceptualizar las ideas, el análisis y el conocimiento sobre la investigación etnográfica. La etnografía, la investigación cualitativa y la investigación acción participativa tiene una amplia relación en su praxis metodológica estrategias que orienta lo científico y lo social permitiendo involucrar, al investigador e investigadores y actores sociales. El estudio de la realidad humana que les permite la construcción de saberes. El Proceso de investigación cuyo enfoque busca de formular el problema en estudio, utilizando como punto de partida las expresiones metodológicas dentro del contexto de la investigación social, enmarcadas en el pensamiento crítico.

La investigación etnográfica en su perspectiva cualitativa y holística es la fuente de interpretación y reflexión, acerca de los temas y problemas en las estructuras sociales, su acción contribuye al conocimiento de los patrones de interacción social. Donde se busca de explicar, la racionalidad científica, teórica, práctica y metodológico proceso que se fundamenta en la necesidad de relacionar a los individuos, grupos u organizaciones con su entorno social. Proceso de estudio que se remiten a la acción epistemológica y ontológicas procedimiento que permiten alcanzar la investigación, comprender e interpretar lo social. Velasco y Díaz, (1997). Menciona sobre los objetivos que tienen que cumplir la investigación etnográfica y la variabilidad del método etnográfico es tal que, aunque todos usamos términos como la observación participativa, entrevista e historia de vida, esto no implica que estemos hablando de las mismas realidades, de los mismos procedimientos y, sobre todo, de la misma comprensión del proceso de investigación. A un cuándo como fase primordial sea de algo común, los modos de llevarlos a cabo son distintamente diferentes y admiten una gran variedad. Agrega que en primer lugar la originalidad metodológica consiste en la implicación del propio investigador.

ANÁLISIS EN EL PROCESO DE LA INVESTIGACIÓN ETNOGRÁFICA:

La investigación etnográfica, parte de la interpretación subjetiva, donde implica un rigor teórico, práctico, técnico metodológico estrategia que contribuye a conocer más a fondo la comunidad en estudio. El análisis en el proceso de la investigación etnográfica brinda información plena donde se respeta la naturaleza de la investigación. A través del análisis aplicado en este enfoque se hace énfasis sobre algunos métodos que tienen especial relevancia en la posición metodológica de la investigación. Con la interpretación del análisis los objetivos de estudio se enfocan a la comprensión y entendimiento de las conductas humanas y sus realidades constituyendo la descripción del estudio social. Toda investigación requiere de tratamiento del análisis esto implica la presentación del estudio investigativo, su interpretación y procedimientos en la formulación del problema. El análisis se va desarrollando en la observación y en la interpretación teórico y práctico dentro la praxis cualitativa y etnográfica.

ETNOMETODOLOGIA:

En la investigación se hace mención a un conjunto de actividades de índole intelectual y experimental de carácter sistemático, reflexivo y crítico cuya finalidad es interpretar los fenómenos y sus relaciones con la realidad. Acciones que van a profundizar el conocimiento, en este contexto de la investigación es hacer la aportación a la sociedad para su beneficio. El cual se refiere a las orientaciones de las acciones o estrategias que promueva el estudio social. La etnometodologia en su estudio analiza e interpreta las actividades desarrollada en el proceso de investigación como método para las acciones teóricas, y práctica vista desde la realidad social.

Para Peritaje, la etnometodologia es el estudio del cuerpo del conocimiento, del sentido común y de la gama de procedimiento y consideraciones; por medio de las cuales los miembros corrientes de la sociedad den sentido a las circunstancias y actuar en consecuencia a su realidad.

La etnometodologia en su estudio es interpretativa, debido a que estudia los métodos o procedimientos con los que los integrantes de las sociedades dan sentido a la vida cotidiana o actúan en ella. Desde la consideración de que el orden social es interpretación de los propios sujetos activos en el proceso de investigación.

La etnometodologia se centra en el conocimiento y la teoría de las acciones sociales, análisis y la reflexión.

Para el investigador e investigadores, la etnometodologia es un método e instrumento dentro la praxis del conocimiento que va conceptualizando los procedimientos metodológicos, objetivo que persigue la transformación social a través del proceso dialéctico de reflexión/acción, atención y análisis del problema investigado.

ETNOMETODOLOGIA Y SU ARTICULACIÓN CON LA ACCIÓN CUALITATIVA:

La etnometodologia y la acción cualitativa aportan una gran variedad de elementos de análisis y procedimientos que permiten estudiar los hechos sociales desde un enfoque endógeno, caracterizadas por su cercanía a la teoría a la práctica donde se va formulando el problema. La perspectiva de la investigación es pretender establecer la participación de los actores sociales, (comunidad) en la interpretación de su propia realidad con el objeto de promover la transformación social para el beneficio de los actores participantes.

El conocimiento y la metodología son acciones que describen la realidad del estudio social, mediante la observación, descripción del proceso, método, técnicas y acciones aplicadas en el proceso de investigación desde el enfoque de la etnometodología y la investigación cualitativa. Para el investigador e investigadores pueden considerar la etnometodologia y la investigación cualitativa como un reto a la propia investigación y visualizar el compromiso desde la subjetividad y la intersubjetividad que permite analizar e interpretar los factores internos y externos del estudio social, con un sentido de análisis de explicación e interacción reflexiva del orden social.

La etnometodologia representa una herramienta al proceso del conocimiento esta brinda la posibilidad de conocer las particularidades de cada comunidad y su entorno, escenario de estudio que facilita la comprensión de la investigación en su proceso cualitativo.

Schütz define la etnometodologia a la que se refiere a la racionalidad práctica de las actividades cotidianas y el tipo de conocimiento social que se pone implícitamente en la práctica social.

TRIANGULACIÓN:

La estrategia de la triangulación es combinar sus aplicaciones metodológicas con la investigación cualitativa el cual consiste en la aplicación de una pluralidad de métodos y sintetizar el objeto o fenómeno de investigación a partir de diversas fuentes de conocimiento, estrategia que contribuyen a describir, analizar y validar la metodología aplicada en el proceso de investigación para contactar la efectividad del método aplicado en el estudio de investigación. La triangulación se enmarca dentro del proceso sistemático que se basa en el reconocimiento metodológico, análisis, observación, teorías y los métodos aplicado en la investigación.

La triangulación es una estrategia que habilita las condiciones para comprender, buscar causas, explicaciones sobre el análisis del estudio y su situación para poder visualizar el problema y así interpretar su validez y coherencia de la investigación. Para Norman Denzin, (1978). Identifica cuatro tipos de triangulación, conocidos como, metodología, datos, investigadores y teóricos. Estas técnicas son interpretaciones del análisis al proceso del estudio investigativo para precisar la efectividad de las fuentes y métodos aplicado en el procedimiento que permite la aplicación metodológica del análisis.

TIPOS DE TRIANGULACIÓN SEGÚN DENZIN:

Triangulación metodológica:
Consiste en aplicar distintos métodos y técnicas al estudio del fenómeno, para luego contrastar los resultados, realizando un análisis entre coincidencia y divergencias. Se trata de la forma arquetípica de las estrategias de triangulación.
Triangulación de datos:
Consiste en recoger datos de diferentes fuentes para contrastarlos, existen tres subtipos: triangulación de tiempo, de espacio, y de persona.

Triangulación de investigadores:
Separadamente, realizan observaciones sobre el mismo hecho o fenómeno, contrastando luego

los diferentes resultados obtenidos.

Triangulación teórica:

Consiste en utilizar diferentes marcos teóricos referenciales para interpretar un mismo fenómeno. Toda investigación constituye una metodología que orienta dicho proceso de estudio, basada en el conocimiento. El investigar implica asumir el verdadero método que se adapte a el proceso de investigación.

La triangulación es una herramienta que orienta al investigador e investigadores en el fortalecimiento de sus estrategia y procedimientos, teóricos y metodológico en la investigación cualitativa. Unas de las técnicas de triangulación es el análisis articulado a la metodología con el propósito de validar los instrumentos de investigación, donde la comprensión apuntan a explicar las características propias del objeto de estudio. La triangulación dentro del proceso de investigación es continua, y acerca aún más al investigador e investigadores a ser énfasis a la validez de la investigación social en su enfoque cualitativo.

Transdisciplinaridad e interdisciplinaridad:

Todo proceso de investigación tiende a establecer un nivel de disciplina en todo su procedimiento. Enfoque que se orienta al conocimiento, análisis y la interpretación del fenómeno en estudio. Estas concepciones van desde la interdisciplinaridad y la transdisciplinaridad, elementos comunes de trabajo y criterios de acción y reflexión sobre la teoría y práctica o intercambio de experiencia mutua que facilitaran la comprensión de la investigación.

La interdisciplinaridad implica punto de contacto entre las disciplinas en la que cada una aportan sus problemas, conceptos, y métodos sobre el proceso de la investigación.

La transdisciplinaridad, es lo que simultáneamente le es inherente a las disciplinas y donde se termina por adoptar el mismo método de investigación.

Para M, Martínez, (2006). Señala la importancia de la interdisciplinaridad y transdisciplinaridad, que exigen respetar la interacción entre los objetos de estudio en las diferentes disciplinas y lograr la interacción de sus aportes respectivos en un todo coherente y lógico. En la investigación cualitativa es fundamental el nivel de disciplina en dicho proceso ya que interconecta los conceptos y todas las teorías, sus expresiones están estrechamente unidas al método de investigación. La interdisciplinaridad y transdisciplinaridad como herramientas del conocimiento, análisis y metodológico. Asume con mayor énfasis la explicación y critica a los fenómenos sociales. Proceso que van orientados a la investigación.

Para el investigador e investigadores, poner en práctica la disciplinaria es la precisión y profundización del conocimiento, procedimiento para la aplicación del método, técnicas y datos necesarios que permitan estudiar los hechos sociales desde el punto de vista metodológico cuyo objetivo es aportar solución a la problemática en estudio.

Es importante señalar que desde la perspectiva cualitativa los hechos de investigación forman elementos comunes en su praxis metodológico, proceso de integración, reflexión y análisis crítico. Estrategias que permitirán el abordaje interdisciplinario y transdisciplinario de la praxis del conocimiento orientadas a las actividades humanas y las acciones de la investigación científico y social.

CAPITULO IV: DESARROLLO DE LA INVESTIGACIÓN DESDE SU PERSPECTIVA.

INVESTIGACIÓN:

La investigación es un proceso que se fundamenta en el conocimiento, es la búsqueda de la comprensión de la complejidad de los hechos basado en los criterios científicos donde los procedimientos tienen que ser reflexivos, metódico, coherentes y sistemático, proceso que van enmarcados de acuerdo al campo de la investigación; Científica, social, y tecnológicas.

La investigación es un procedimiento que permite el contacto con la realidad estudiada, fortaleciendo el conocimiento y estimulando las actividades intelectuales, del investigador e investigadores, donde se estudia, descubre y explica las realidades e identificando cada una de esas características y determinando sus relaciones, igualmente explica las relaciones causas y efectos de la realidad misma, con otra realidad. Proceso que se escriben dentro de la concepción de la investigación científica, social y tecnológica. La investigación se conoce como un momento de inicio; es decir la adquisición de información, por medio de estrategias metodológico que contribuyen a la formulación del problema.

La investigación es la fuente propiamente dicha del conocimiento de divulgación del fenómeno estudiados. Es ese principio teórico y práctico que implica un cambio en el estudio científico y en el estudio social. Desde el paradigma cualitativo y el paradigma cuantitativo, que se fundamentan en el abordaje metodológico sustentado por una concepción epistemológica y ontológica. La investigación se desarrolla en el escenario de los hechos concretos, de observación, análisis e interpretación. En este sentido es importante señalar que la metodología implica una reflexión y argumentación sobre el proceso de investigación acción que estimula el pensamiento crítico, donde la creatividad de la investigación permite establecer con la realidad estudiada.

Para que de una investigación:

Cuando hablamos de investigación se persigue un propósito cuya finalidad es la construcción del conocimiento. Donde permite predecir y transformar la realidad en beneficio de la sociedad. Procedimientos que se articulan con todas las estrategias metodológicas, aspectos centrados en la investigación, para la conceptualización, del estudio, análisis, reflexión e integración de la teoría y práctica como unidades de análisis. Es decir, interpretar todos los procedimientos teóricos y prácticos para ordenar el estudio investigativo, y responder a la realidad investigada.

Toda investigación es exigente en su proceso de estudio, por lo que conocemos las cosa (ideas), la investigación promueve los procedimientos para la formulación del problema. Síntesis para conocer el hallazgo investigativo, con un nivel de información lo más completa posible en el área de investigación.

Según Evaristo, M, Fernández. Cuando se trata de llevar a cabo un trabajo de investigación la tarea de plantear un problema constituye una primera acción indispensable; por ello es conveniente que el investigador e investigadores plantee, definan y formulen el problema de investigación con claridad y exactitud. El investigar constituye el enfoque epistemológico, (conocimiento científico de la realidad social), enfoque que coadyuva a predecir, explicar, y analizar el estudio de la realidad social desde la participación del sujeto y sujeto.

Para qué de una investigación porque en ella se logra el conocimiento práctico y la comprensión sobre el objeto o fenómeno de estudio, a partir de diversas fuentes del conocimiento. Ambiente propicio para crear actividades que permitan comprender el significado de la realidad e ir a la transformación social. Turner. Indica que los investigadores deben asumir el reto de una investigación que sea rigurosa y que responda a la urgencia de producir conocimiento con poder transformador. La investigación desde una perspectiva metodológica, participativa y socio critico, tiene implícito criterios que constituyen orientaciones epistemológica, y ontológica vinculación teórica y práctica que en cierta forma se convierten en una condición necesaria para su abordaje, se asume criterios transversales que den identidad a las perspectivas metodológicas en el proceso de investigación. Para el investigador e investigadores es importante el desarrollo de la síntesis de la teoría y la práctica, la cual permite analizar las estrategia aplicadas dentro del proceso de investigación a la vez se estimula la participación comprometida y responsable, desde los enfoque cualitativo, epistemológico, ontológico, fenomenológico y metodológico. Estrategias que promueven herramientas que coadyuvan al conocimiento donde la investigación conduce y promueve todo los proyecto que comprenden una series de procedimiento que parte de una realidad estudiada y se busca de transfórmala conforme a unos criterios y objetivos.

PERSPECTIVA DE LA INVESTIGACIÓN SOCIAL:

La investigación social desde su perspectiva cualitativa se orienta hacia la interpretación, proceso en el que se aplica el método y técnicas científica al estudio de situaciones o problemas de la realidad social. La investigación social está relacionada con el conocimiento social, realidad que es interpretada mediante la diversidad de criterios, dentro la perspectivas de la investigación social, donde se establecen estrategias metodológicas para alcanzar la objetividad y la verdad sobre el fenómeno social, la acción del método, la técnicas y la sistematización son instrumentos de conocimiento que permiten interpretar y reconstruir toda la información y la experiencia obtenidas en la práctica social, comprendida en el problema de estudio. La investigación social percibe la vida social como la creatividad compartida de los individuos, proceso que se refiere a una nueva concepción de procedimientos a la investigación en su contexto, las experiencias, los saberes y la integración sujeto y sujeto, (investigadores y colectivos).

Para García Quiroz y Montoya, (2006). Establecen que la investigación social tiene un importante papel y responsabilidad en el conocimiento en lo social, dicho conocimiento se constituye un factor esencial de trasformación. Es decir, el investigador social no es un simple descriptor de los fenómenos sociales, sino un sujeto en proceso que busca en las conductas humanas acciones significativas para conocer, analizar, explicar la dinámica social. Es importante para el investigador e investigadores hacer énfasis en la investigación social, ya que en sus intervenciones el proceso de estudio se consolidan las experiencias filantrópicas(de cualquier signo y procedencia). Acción que les permite precisar las estrategias de investigación con el objeto de promover las transformaciones sociales. A través de la investigación social se apoya también las decisiones de hacer valer la expresión, la ideas entorno a su propia realidad social. Ya que el proceso de estudio se fundamenta desde las estrategias metodológica y cualitativa.

TÉCNICAS DE INVESTIGACIÓN:

Las técnicas de investigación son procedimientos sistemático, metodológico que se encargan de implementar los métodos y los procedimientos teóricos, principales elementos para establecer la investigación.

Las técnicas aplicadas en el proceso de investigación precisa las estrategias para buscar las respuestas implicadas en la formulación del problema. Las técnicas de investigación permite, la observación, el análisis y confrontar la teoría y la práctica, en la búsqueda del conocimiento, donde el proceso de sistematización interpreta las experiencia obtenidas en el desarrollo de la investigación.

Las técnicas o tácticas es un procedimiento, que a través del método se sustentan las estrategias metodológicas desde el enfoque cualitativo, en general podemos decir, que la técnicas de investigación es un instrumento que comprende el proceso sistemático, que permite conocer, observar, analizar y evaluar todos los procedimientos surgido en la investigación. La técnica o táctica en su perspectivas es captar los procedimientos y las estrategias metodológicas que permitan acceder al fundamento epistemológico y cualitativo. Usar las técnicas de investigación, es intercambiar conocimientos, experiencias y elevar la conciencia crítica e interpretar a la realidad estudiada, que permite una visión más completa de la investigación. Dicho propósito es emprender el proyecto partiendo de la realidad del problema, para promover los cambios sociales.

Las técnicas de investigación son procedimientos metodológico y sistemático que se encarga de implementar los métodos de investigación. Orientadas por los siguientes instrumentos; observación, entrevistas, cuestionario, dinámica de grupos, tecnología, y encuestas.

Las técnicas como instrumento aplicado en el estudio investigativo, permite ampliar el conocimiento y la estrategias metodológicas, permitiendo una mayor expresión de la objetividad.

Las técnicas o tácticas son herramientas que facilitan al investigador e investigadores ampliar los procedimientos utilizado en el proceso de la investigación. Enfoque para procesar y analizar los problemas por medio de un ordenamiento lógico que permita llegar al objetivo del estudio investigativo. La interpretación de las técnicas en el proceso de investigación es importante ya que determina la estructura del proyecto de investigación y sus métodos que permite predecir y transformar la realidad social.

Práctica participación e investigación

El inicio de la investigación parte de la práctica y la participación, son de gran importancia científica, técnica y metodológica elementos que van a justificar la fundamentación de la investigación y dar respuesta a los múltiples interrogantes sobre la realidad estudiada. La práctica y la participación exigen el desarrollo de un proceso de integración y comunicación entre el investigador e investigadores y actores sociales, sujeto y sujeto activo es ir a la participación organizada. En este punto es importante identificar el problema que surge de la realidad estudiada. Y de esta manera direccional la investigación cualitativa o investigación acción participativa, donde el investigador e investigadores están comprometidos con la solución del problema y profundizar en el análisis y la acción transformadora desde la práctica y la participación.

La práctica es la acción estratégica que va a orientar el método de investigación científico, técnico, sistemático y metodológico.

La participación involucra al investigador e investigadores, organizaciones sociales, académicos, educadores y la comunidad como un todo con la finalidad de validar y sistematizar el conocimiento teórico donde se analizan las causas del hecho, caso o fenómeno desde esta perspectiva de investigación se busca definir y explicar sistemáticamente los problemas claves que giran en torno, a su propia realidad acciones que ponen en marcha los proyecto de investigación.

La práctica y la participación en el proceso de investigación permiten alcanzar u obtener el mayor consenso, de participación y general discusión de temas de interés y de algunas reflexiones y propuestas, para seleccionar las técnicas apropiadas y tener claridad de lo que se desea alcanzar, para hacer efectiva la participación y la practica la comunicación y la información debe fluir de forma organizada y sistemática que permita el conocimiento y así promover la transformación social, como medio para mejorar la calidad de vida.

Uno de los aspectos de estas acciones es socializar el conocimiento y la investigación realizada. Es decir, un estudio teórico de transmisión de los hallazgos metodológico, técnicas, análisis e indicar propuestas de aplicaciones y formas de acércanos a problemáticas sociales. Estos a su vez, implica un trabajo de visibilidad de la práctica y la participación e investigación.

INVESTIGACIÓN ACCIÓN PARTICIPATIVA:

La investigación acción participativa es una herramienta valiosa enmarcada dentro la modalidad de la investigación social. Donde la construcción del conocimiento es el lenguaje científico social, procedimiento metodológico que permite el desarrollo del diagnóstico, observación, análisis, y la participación. I. A. P. en

Técnicas O Métodos	Descripción
OBSERVACIÓN	Se define como técnica o método que consiste en observar atentamente el fenómeno o hecho donde ayuda a realizar el planteamiento adecuado de la problemática a estudiar.
ENTREVISTA	Conversación guiada entre grupos de persona que conduce para obtener información. Preparando para ello un guion de entrevistas, que permita canalizar la información necesaria.
CUESTIONARIO	Proceso de recabar información de acuerdo a su criterio y proporcionar antecedente que orienten la investigación. Es el poder recopilar información debida que se aplica por medio de preguntas sencillas para respuestas sencillas.
DINÁMICA DE GRUPO	Dinámica del grupo aplicada a los procedimientos y medios sistematizado de organizar y desarrollar la actividad de la investigación fundada en la teoría, herramientas empleadas para el trabajo en grupo y lograr la acción del estudio.
TECNOLÓGICO	Las grabaciones en video se constituyen en la teoría más adecuada para el proceso de observación.
MÉTODO DE ENCUESTA	Este método se basa en la concepción del colectivo. Es la principal fuente de información donde narran los aspectos de su realidad.

Diseño interpretativo (2023).
Autor RUBEN FLORES

su estudio es reflexivo, sistemático, controlado y crítico, fundamentos que constituye la participación donde se articulan la teoría y la práctica para hallar los principios explicativos del orden o realidad social. En este proceso de estudio se hace más efectiva la disciplina y la práctica de trabajo social. Donde la dinámica de investigación fluya a través de la integración y participación del sujeto y sujeto, (investigadores y actores sociales), para la observación e interpretación del fenómeno de estudio. Fuente permanente de conocimiento y experiencia donde la técnica y la metodología de la investigación acción participativa donde ha sido clave para el conocimiento y la transformación en este sentido el I.A.P. propicia el desarrollo de nueva teoría y paradigmas basándose en serie de criterios que permitan al investigador e investigadores profundizar en la técnica, instrumentos de la investigación y el análisis de la realidad.

I.A.P. Y SU EXPRESIÓN:

La investigación acción participativa es una expresión de la investigación social y humanista, cuyo propósito del estudio investigativo es conocer la percepción de la realidad, donde juega un papel relevante la estrategia metodológica para la formulación del problema. En este sentido se constituyen las bases teóricas y prácticas donde la toma de conciencia es la interpretación de la realidad social. Propia de la integración y la relación del investigador e investigadores y sujetos de estudios, (sujeto y sujeto). I.A.P. su expresión permite abarcar el conocimiento, la verdad y la objetividad estrategia que permite analizar e investigar el contexto social.

La epistemología y la ontología son expresiones que fundamentan el abordaje de la teoría, práctica, metodología y la sistematización. Tiene un sentido amplio en la capacidad y dominio subjetivo para fundamentar la importancia de la investigación. Necesaria para alcanzar los objetivos y solucionar el problema de investigación.

I.A.P. ENFOQUE PRÁCTICO:

Carey, (1953). Sostiene que la investigación acción participativa es un proceso por la cual lo practico intenta estudiar el problema científicamente, con el fin de orientar y corregir sus acciones. La investigación acción participativa en su estrategias obliga al estudio práctico, donde el propósito del conocimiento se hace desde la intervención del investigador e investigadores y actores sociales, vinculados a la participación, con la comunidad destinataria del proyecto de investigación. La investigación práctica desde su escenario de estudio permite analizar e interpretar los procedimientos ordenados que siguen una visión más completa de la realidad, a vez estimula la participación comprometida, análisis crítico, sistemático y responsable de todos los implicados. La investigación acción participativa es un proceso por lo cual, lo práctico intenta estudiar el problema con el fin de guiar corregir y evaluar. Todo el estudio de investigación, generado del conocimiento práctico establece un modelo de hacer investigación social, donde sus acciones se articulan con el conocimiento.

I.A.P. Y SU ARTICULACIÓN CUALITATIVA:

La investigación acción participativa y su articulación con la investigación cualitativa, su cercanía profundiza el entendimiento de los hechos y fenómenos sociales. Su principal característica es la estrategia metodológica que parten de un conjunto de procedimientos que conllevan acontecimiento, y centran su estudio en aquellos contextos naturales.

La investigación acción participativa y la investigación cualitativa, ambos procesos se fundamentan en una perspectiva centrada en el entendimiento de las relaciones sociales. El investigador e investigadores, en la búsqueda del conocimiento y la realidad social, pueden enfocarse en el I.A.P. y la investigación cualitativa, ya que la construcción del plan de acción, orientan la estrategia metodológica promovida desde lo inductivo, la práctica y la participación, esto implica el desarrollo objetivo, análisis y la reflexión.

La investigación acción participativa como método articulado a la investigación cualitativa donde el conocer y actuar se interpreta la realidad social desde el proceso heurístico permitiendo la toma de decisiones sobre las acciones del estudio por programar, ejecutar, orientar la experiencias del análisis, propuesta de acción y perspectivas de cambio social.

Es importante conocer e interpretar la investigación acción participativa y la investigación cualitativa, ya que su lenguaje se fundamenta en una perspectiva interpretativa centrada en el nivel epistemológico, ontológico, fenomenológico y metodológico proceso que implica el estudio de los métodos de conocimiento de la realidad sobre el objeto de estudio.

La articulación de estos dos enfoques de investigación van más allá de un simple estudio social, es profundizar las acciones de la investigación y consolidar las estrategias en función de diversificar el conocimiento, la práctica, el análisis, la sistematización de estrategias que recogen las experiencias y la interpretación del investigador e investigadores y actores sociales (comunidad en estudio), y tengan un propósito común, que convoque a una propuesta de proyecto común para visibilizar los cambios sociales, en la investigación con sentido científico, social y humanista.

CAPÍTULO V: ESTRATEGIA METODOLÓGICA EN EL PROCESO DE INVESTIGACIÓN.

METODOLOGÍA:

La metodología es un vocablo generado a partir de tres palabras de origen griego, meta(mas allá), odo (camino), y logo (estudio). La metodología como herramienta que estudia los métodos aplicado en las ciencias y el conocimiento. La metodología es una estrategia de estudio crítico en la disciplina de la investigación punto de partida para saber identificar claramente la problemática a resolver cuya intención es analizar, con criterio teórico, práctico, filosófico y científicos. Proceso que apuntan al conocimiento para hacer el planteamiento de la investigación, es decir la ubicación del problema y profundizar en la técnica y el método de investigación. Para el investigador e investigadores, la metodología es una estrategia importante en el proceso del estudio o fenómeno, ya que en ella se expresa el modo teórico y práctico en los procedimientos de observación, análisis crítico, reflexión, y sistematización, enfoques que se manifiestan en todo el proceso de la investigación, punto clave para la elaboración del proyectos. La metodología en su concepción fundamental del conocimiento es profundizar el análisis, experiencia, técnicas, participación y objetividad.

PRAXEOLOGIA:

Praxeologia ciencia que estudia, analiza e interpreta las acciones humanas a partir de los alcances formales de la descripción de la propia acción. Expresión que pone de manifiesto lo subjetivo del ser. trayendo consigo sus ideas, conocimientos, saberes y experiencias, acción teórica-practica en su proceso reflexivo y critico donde la estrategia metodológica busca la lógica de la acción humana.

El objetivo fundamental de la praxeología es la construcción del conocimiento y su interpretación de la realidad social, en todas sus estructuras, actividades dinámicas del quehacer científico-social y educativo. proceso que permite la integración, participación e interpretación, elevando así la conciencia crítica que permite transformar la realidad social. desde una perspectiva de acción teórica-practica y metodológica, teniendo como eje la praxeología en sus esferas epistemológica, ontológica y cualitativa.

PRAXEOLOGIA CIENTIFICIDAD CUALITATIVA:

Hablar de praxeología es reflexionar sobre la conciencia social desde la cientificidad cualitativa. Acción que conducen a indagar, analizar, reflexionar e intensificar el estudio investigativo científico-social, desde su perspectiva epistemológica, ontológica y axiológica. Relación que simplifica el proceso hermenéutico-interpretativo, es decir, interpretación de la realidad social desde la cientificidad praxeologica. Estableciendo una relación dialéctica entre sociedad y conocimiento, donde el abordaje teórico-práctico-metodológico conforma el acercamiento y desarrollo de la investigación cualitativa desde el enfoque praxeologico. Ciencia que estudia y analiza las acciones humanas.

LA METODOLOGÍA Y SU PRAXIS EN EL PROCESO DE INVESTIGACIÓN:

La metodología en la praxis de investigación se caracteriza por ser normativa(valora), descriptiva (expone), comparativa (analiza). La metodología estudia el proceder de investigación y las técnicas que favorezcan el desarrollo teórico y práctico, donde implica el proceso de análisis, reflexión y argumentación sobre los pasos claves que el investigador e investigadores tienen que desarrollar en cada dimensión de la investigación, con sentido crítico, cualitativo, epistemológico, fenomenológico y pragmático.

La metodología en su praxis va contextualizando el estudio investigativo, con el objetivo de identificar, explicar los hechos o fenómenos sociales. La praxis de actividad práctica, objetiva y subjetiva son conceptos que conducen a la búsqueda del conocimiento. En su dimensión semiótica y la estrategia heurística que orienta a entender y solucionar la problemática de investigación. El proceso metodológico define el conjunto de técnicas, métodos y procedimientos, acciones sistemática que van a consolidar la investigación desde un enfoque de la investigación acción participativa y la investigación cualitativa, (científico social).

La metodología es la explicación sistemática en todo proceso de investigación que se fundamenta en los objetivos planteados y el conocimiento.

Como se mencionó antes, el primer paso para el desarrollo de la investigación es la identificación del título o temática. Para que el investigador e investigadores puedan realizar su trabajo de investigación, donde las estrategias metodológicas van a coadyuvar en las premisas conceptuales del planteamiento de investigación, partiendo del estudio de una situación en particular, y buscar solución al hecho social, enfocando las estrategias metodológicas en el desarrollo del proyecto de investigación.

LA METODOLOGÍA EN LA ACCIÓN CUALITATIVA:

La estrategia metodológica en la acción cualitativa se fundamenta en el proceso de estudio que define la estructura del trabajo de investigación, con verdadero criterio científico y técnico que permite constituirse en un punto de apoyo para investigadores que ha de conducir el proceso de investigación e interpretar la acción del problema con objetividad. En síntesis, significa que la metodología en el estudio social cualitativo se desarrolla con el objetivo de identificar y explicar los hechos sociales, en termino generales podemos, decir que la metodología es un instrumento que resume los procesos básicos que se proponen para hacer el planteamiento y conocer la realidad de la investigación.

La metodología es el estudio analítico y crítico que hace énfasis en la validez de la investigación. En el proceso de investigación, el fundamento epistemológico hace referencia a la metodología y lo cualitativo como estrategia son las más apropiadas para concebir y conocer la realidad social a través de los procedimientos aplicados en la investigación.

LA METODOLOGÍA Y SU ARTICULACIÓN CON LA TEORÍA Y PRÁCTICA:

La metodología, la teoría, y la práctica es el acercamiento al conocimiento, fundamentos estratégicos para la naturaleza de la investigación, proporcionando las herramientas necesarias para impulsar los procedimientos que respondan a la concepción de la investigación. Realizar trabajo práctico es construir teorías, construir teoría, es construir conocimiento, científico, social, y tecnológico.

El investigador e investigadores, en su proceso investigativo tienen mayor compromiso con la realidad estudiada, la visión metodológica, teórica y práctica en su proceso sistemático conduce a procedimientos riguroso de como comprender, analizar y explicar el fenómeno de estudio. Lo metodológico, lo teórico, y lo práctico formulan las estrategias para conceptualizar el estudio investigativo, permitiendo la formulación y puesta en marcha la ejecución del proyecto que este orientado a los cambios de las estructuras sociales. A través de estos enfoques su estudio hace énfasis en el análisis, la sistematización y la reflexión, estrategias que orientan la síntesis del conocimiento.

PRINCIPIO METODOLÓGICO, TEÓRICO Y PRÁCTICO:

Todo proceso de investigación tiene su principio, la metodología, teoría y práctica, son unos de ellos que se articulan a la investigación cualitativa, en su proceso de indagación, búsqueda, descubrimiento, discusión, ideas, análisis, explicación y comprensión en la actividad de estudio que proporciona la participación desde una manera dinámica, fuente que constituye la temática de investigación y el conocimiento crítico.

La vinculación de la metodología, teoría y práctica, en su aplicación es el lenguaje de carácter expresivo, explicativo, interpretativo y reflexivo. Referencias de validación al trabajo de investigación. Las estrategias que promueve la estructura del proyecto, como procedimiento ordenado que sigue y establece el significado de los hechos o fenómeno, propósito que guían la investigación científico social.

METODOLOGÍA DE LA INVESTIGACIÓN

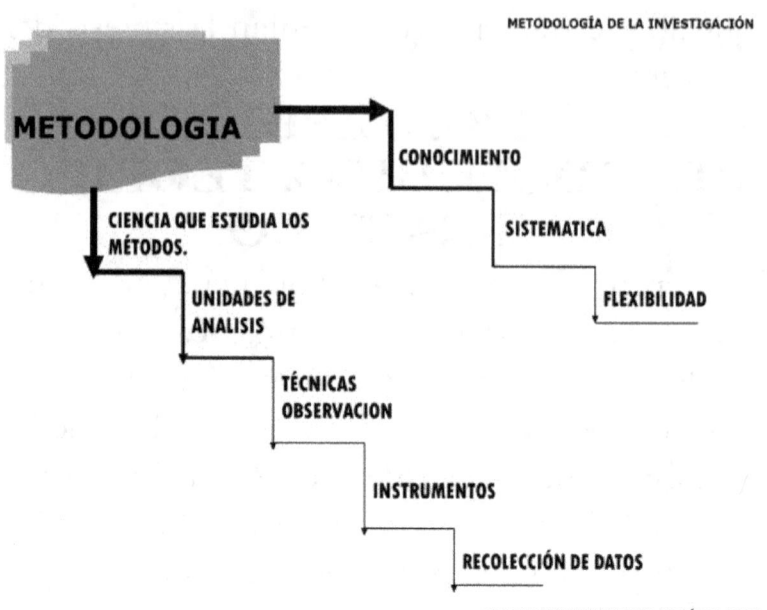

GRAFICO INTERPRETATIVO RUBÉN FLORES

CAPITULO VI: PERFIL DEL ANÁLISIS DE INVESTIGACIÓN.

ANÁLISIS:

El análisis es un proceso de estudio cuyo propósito es la interpretación durante el desarrollo del estudio investigativo, es una relación con todos los procedimiento y métodos, con el fin de conocer e interpretar los fenómeno en estudio. Donde se brinda la oportunidad de precisar la información, ideas vinculada con la investigación
. El análisis es un procedimiento que se fundamenta en el conocimiento; el cual puede ser una guía para interpretar las teorías y las prácticas relacionado con el proceso de investigación. El análisis es una herramienta útil como método estratégico para la factibilidad y validez del proyecto de investigación, el análisis como estrategia de la investigación orienta al investigador e investigadores, para realizar observaciones e interpretaciones el cual establece relación con la metodología aplicada en la temática establecida para el desarrollo del proyecto de investigación. El análisis es la intensificación del estudio teórico, práctica, y metodológico en el proceso investigativo, fundamentos de concebir y conocer la realidad social.

ANÁLISIS CRÍTICO:

El análisis crítico es la interpretación y evaluación del desarrollo lógico de las ideas, propuestas y planteamientos de estrategia dinámica donde la información se fundamenta con las ideas principales que interpreten las referencias teóricas y metodológicas para la interpretación del estudio de investigación, dentro la praxis cualitativa. La participación por parte de los actores sociales, (colectivos) e investigadores es la construcción del diagnóstico social que explique la realidad y genere cambios consistente desde la perspectiva del análisis crítico.

Análisis e investigación:

La investigación social, el análisis es la interpretación del estudio o situaciones con el fin de conocer la realidad estudiada. Los investigadores deben vincular el análisis y la metodología donde el precisar las estrategias de investigación es la clave para poder entender al entorno que lo rodea. El análisis en su proceso es fundamental para la conceptualización del problema, es decir, explica las causas en el propio escenario de investigación. El análisis, la metodología, hacen referencia al conocimiento, al estudio, las técnicas y al método de investigación.

ANÁLISIS CUALITATIVO:

El análisis en la investigación cualitativa, es hacer más claro el proceso de investigación y la ubicación de la problemática en estudio. Es el abordaje de las estrategias y técnicas fundamentadas en el conocimiento y la experiencia directa de los investigadores en el escenario de estudio, donde la integración y la participación son claves para el proceso de Investigación. Analizamos para conocer diversidad de casos, contextos y situaciones lo que permite formular una explicación coherente de la realidad estudiada. El análisis cualitativo en su proceso de estudio es activo, reflexivo, metódico y sistemático. Proceso para diversificar el conocimiento.

Análisis de datos cualitativos:

El análisis de datos es la valoración de necesidades, especialmente para explorar un nuevo problema o una población nueva y la comprensión de las acciones sociales desde su propio contexto. El análisis de datos cualitativos ofrece estrategias para los diversos retos y dificultades en la interpretación de los datos, proceso que implica hacer una nueva mirada de acuerdo a la acción epistemológica y ontológica del investigador e investigadores, es decir es explicar y extender la mirada a una nueva forma de la realidad que se pretende comprender, para desarrollar el análisis de datos cualitativo. Donde el proceso de sistematización indicara el análisis de datos con carácter metodológico y reflexivo. El análisis de datos cualitativo es el acercamiento de la información y el conocimiento de los diversos niveles de la realidad social. Las necesidad de hacer más visible y explicito los métodos y la estrategias metodológicas en el análisis cualitativo donde la reflexión, organización y la participación expresan los fundamentos teóricos y prácticos de la investigación. El análisis de datos cualitativos desde la perspectiva de la investigación conceptualiza el abordaje teórico, metodológico e instrumentos de investigación para darles validez y fiabilidad a los niveles de información relacionado con los procedimientos aplicado por el investigador e investigadores de allí la importancia de la observación, la entrevista soporte necesario para analizar los elementos importante de la observación y profundizar las técnicas de entrevistas empleadas en el estudio de investigación social. A través de la investigación se comprenden los procedimientos que remiten fundamentos de expresiones, interacciones, pensamientos, experiencia y vivencias de los participantes.

Estrategias que tienen la finalidad de analízalos y comprender el proceso de investigación y generar conocimientos. El análisis de datos en la acción cualitativa constituye la recolección de información basada en un criterio metodológico propia de la investigación científica social.

ACCIONES DEL ANÁLISIS DE DATOS:

Obtener la información, a través del registro sistemático de notas de campo, obtención de documento de diversas índoles y la realización de entrevistas, observaciones o grupos de discusión.

Ordenar información, la captura de la información se hace a través de diversos medios, específicamente, en el caso de entrevistas y grupos de discusión, el investigador e investigadores deben llevar cada registro del método aplicado en la acción de la investigación, desde la observación, grabación, formatos, registro de manuscrito. Dichos instrumentos son de construcción de conocimiento a partir de la investigación.

VINCULACIÓN DEL CONOCIMIENTO, ANÁLISIS E INVESTIGACIÓN:

El investigador e investigadores al articularse con el colectivo (comunidad), su medición con el conocimiento, análisis e investigación les permite valorar las necesidades reales vinculadas a la problemática social. El conocimiento, análisis e investigación son enfoques que implementan estrategias metodológicas que van enmarcada dentro el proceso de investigación, fuente que constituye acciones y la capacidad para el dominio de la objetividad, método, técnicas y estrategias desarrolladas en el camino de la investigación cualitativa y la investigación acción participativa en el ámbito social, es decir el investigador e investigadores deben tener capacidad clara y precisa para interpretar y evaluar la realidad estudiada y transformándola conforme a unos criterios y objetivos propuestos.(El investigar es la acción del conocer).

CAPITULO VII: HERRAMIENTA DE CONOCIMIENTO APLICADA EN EL PROCESO DE INVESTIGACIÓN.

Planificación en la investigación cualitativa:
La planificación en el proceso de investigación cualitativa, es ordenar las ideas y estrategias que se van a incorporar en el desarrollo de la actividad investigativa, que tiene que ver directamente con la teoría y la práctica.

La planificación es considerada como un método que se fundamenta en la toma de decisiones en el estudio de investigación para conocer el nivel de exigencia implica la incorporación de los procedimientos y las estrategias metodológicas donde se describe el proceso dialectico del conocimiento crítico, (conocer y actuar).Enfoque que apunta al alcance de la planificación como método de estudio indispensable para el proceso de investigación cualitativa.

Planificación como recurso de investigación:
La planificación es un recurso estratégico, en el proceso de investigación, su lenguaje es expresión del conocimiento; el cual se establece

lineamientos para el apoyo teórico y práctico donde se preparan las acciones para abordar los problemas a investigar y consolidar los objetivos de investigación, desarrollándose sobre la base del diagnóstico.

La planificación como estrategia es reflexiva ya que fundamenta la objetividad del estudio, la teoría, la práctica, el análisis, y la sistematización proceso donde el investigador e investigadores y actores sociales analicen y tomen decisiones en el proceso de investigación. La importancia que tiene la planificación en la investigación es el acercamiento a los enfoques, metodológicos y cualitativos, que generan herramientas que van orientando la línea de investigación en un nivel, de flexibilidad, dinamismo e interpretaciones acciones que permiten la formulación y ejecución de proyectos de investigación.

SISTEMATIZACIÓN:

En el proceso de investigación cualitativa la sistematización describe la acción teórica y práctica donde se identifican los principales problemas de la realidad social. La sistematización hace referencia a la idea, interpretación y al análisis, acciones que contribuye de manera significativa en el desarrollo de la investigación y las estrategias metodológica proceso que se vincula a la participación y experiencia. La sistematización es la ordenación y organización permanente en el proceso de investigación enfoque que permite el conocimiento y el aprendizaje colectivo ya que es un proceso ordenado y reflexivo donde se reconstruye el estudio investigativo donde se clasifica la información, la interpretación crítica e identificación de las necesidades o problemas que la sistematización pudiera solucionar.

La sistematización a la acción de la investigación es un proceso continuo de reflexión y participación síntesis que permite identificar nuevos conocimientos, generados por el diagnostico social y la experiencia obtenida en el proceso de investigación cualitativa.

El proceso de la sistematización es de capacidad organizacional donde adopta y utiliza herramientas metodológicas adecuadas para el análisis e interpretar todas las informaciones y experiencias generadas de las actividades desarrolladas en el escenario de investigación. El sistematizar contribuye al entendimiento del investigador e investigadores y actores sociales (colectivo). Promoviendo así la cohesión y la unidad de acciones, balance para fundamental y reconstruir la experiencias.

VINCULACIÓN DE LA

SISTEMATIZACIÓN CON EL PROCESO DE INVESTIGACIÓN:

La vinculación de la sistematización en el proceso de investigación es la acción que permite orientar y ordenar claramente la problemática planteada, relación que describe y analiza la dinámica de la investigación siguiendo la naturaleza del proyecto que se impulsa desde el diagnostico, ideas, observación, análisis, propuesta y reflexión.

 En este sentido se constata que existe la vinculación de la sistematización y el proceso de investigación, enfoque donde se comparte información, conocimiento, prácticas y experiencias. Asimismo se plantea estrategias metodológicas para la descripción de los hechos y aspectos significativos de los proyectos de investigación. La contribución de la sistematización al proceso de investigación es fundamental ya que permite revalorar las experiencias y contribuye a comprender e interpretar la problemática estudiada.

La sistematización en el proceso de investigación es conocer la dimensión de la realidad social, es general conocimiento científico social a partir de la realidad estudiada. La sistematización sirve como base para la descripción al análisis crítico y subjetivo. Acción de interés al investigador e investigadores, estrategias que incluyen los prin-

cipios cualitativos y metodológicos acciones para promover la práctica (experiencia), con la participación de los actores sociales sujetos y sujetos.
Proceso de sistematización como estrategia de la investigación:

La sistematización es un proceso práctico de análisis e interpretación estrategias que utiliza el investigador e investigadores para reconstruir la experiencia del proceso investigativo. El sistematizar es una acción que se enfatiza en el estudio cualitativo y metodológico estrategias de relación dialéctica de la teoría y práctica que contribuye al procedimiento reflexivo, sistemático, controlado y crítico. Que implica nuevos escenario para la participación donde se involucran el investigador e investigadores y actores sociales sujetos y sujetos.

El cual es un punto de partida para ordenar sistemáticamente desde una óptica de interpretación crítica y avanzada en el ordenamiento y ejecución del proyecto de investigación .

Para Sergio Martínez (1984). Indica que la interpretación critica de una o varias experiencias que a partir de su ordenamiento y reconstrucción descubre la lógica del proceso y los factores que han intervenido en él. Como se han relacionado entre si y porque lo han hecho de este modo. Desde este enfoque la definición del objetivo es

¿para qué? Queremos sistematizar que experiencia queremos sistematizar.

La sistematización es un proceso de reflexión participativa que permite el acercamiento de todos los involucrados en la investigación y el desarrollo del proyecto, donde se establece una relación de intercambio de experiencias y saberes desde el enfoque cualitativo y metodológico, con la intención de comprender y conocer sobre la realidad social.

PLANIFICACIÓN MÉTODO PARA LA INVESTIGACIÓN:

Ningún estudio o investigación parte de cero, el investigador e investigadores dentro de sus estrategias deben formular unas series de acciones que los conlleven a la toma de decisiones para la iniciación del plan de trabajo, la ejecución, evaluación y aplicación. Dentro de este contexto la actividad de estudio permite conocer la problemática, describir, y explicar, los métodos, técnicas e instrumentos aplicado en el proceso de investigación.

Sánchez Velasco, (2007). Expresa que la planificación es el proceso de establecer objetivos y escoger el medio más apropiado para el logro de los mismo, antes de emprender la acción. La planificación como método para la investigación, se constituye en un instrumento adecuado para la construcción del conocimiento, y la problemática que se plantea emprender en el proceso de investigación. Enfoque que se constituye en un proceso de participación, sistemático, crítico y autocritico, integral, reflexivo que permita formular objetivos y estrategia metodológica, coherente desde la realidad estudiada. La planificación es un recurso que genera conciencia y estimula al debate e intercambio de opiniones y profundiza el entendimiento desde la perspectivas epistémica, ontológica y fenomenológica disciplinas consecuente en el proceso de investigación social, que remiten a la realidad social e ir a su transformación.

DIAGNÓSTICO:

El diagnóstico remite a la acción del estudio investigativo donde su intencionalidad es la construcción del conocimiento. Su estudio se realiza desde la indagación, observación, participación y explicación; situación que describe las causas que originan el fenómeno estudiado. El diagnóstico es la clave para la formulación del problema y precisar en la teoría y la práctica, acción para analizar e interpretar la realidad estudiada. El investigador e investigadores en su proceso de estudio investigativo, el diagnóstico es una herramienta importante en los procedimientos investigativo, coadyuvando en la tomas de decisiones de acuerdo a la visión de la realidad estudiada o el problema. El diagnóstico no solo debe describir la realidad, sino que debe explicar y comprender, el hecho o el fenómeno, es decir analizar la realidad de investigación con objetividad para cumplir con los procedimientos y objetivos que se definió en la propuesta de investigación. Paso que conlleva al proceso de sistematización donde la praxis del conocimiento, análisis y reflexión se hace desde la participación sujeto y sujeto activos vinculado con la realidad del problema. El diagnóstico hace referencia a las estrategias metodológicas, que permiten conocer e interpretar los procesos cualitativo (subjetivos), producto de la interacciones y uso sistemático, originando consecuencias y relaciones con otros eventos. El diagnóstico en el ámbito de la investigación hace referencia a los siguientes instrumentos técnicas de observación, planificación, análisis crítico y la sistematización. Cada procedimiento implica conocer la realidad e identificar el problema y poner en marcha el proyecto con sentido, científico, social, tecnológico y humanista.

DIAGNÓSTICO PARTICIPATIVO:

Participación es una estrategia de construcción en el proceso de la investigación social es colectiva del conocimiento. Es una práctica que motiva a la búsqueda de los valores sociales, culturales, religiosos, económicos, político y educativos. Es encontrarse e interactuar con esa gama de saberes que permite la comprensión específica y detallada de la realidad social. El investigador e investigadores promueven su estudio investigativo, con los actores sociales (colectivo), desde el diagnóstico participativo como un proceso sistemático, de análisis e interpretación.

El diagnóstico participativo es un proceso de integración que establece la relación de intercambios de ideas, informaciones y socialización de los resultados, desde una visión más profunda y completa de la realidad. La investigación acción participativa y la investigación cualitativa su enfoque metodológico, articula la teoría (lo que se piensa), la practica (lo que se hace), comprensión desde la perspectiva participativa, procedimiento que fundamentan el proyecto de investigación social.

El diagnóstico participativo es la dimensión en los procesos que implica la toma de decisiones para el desarrollo de la investigación que conduce a la transformación y conocer el valor que tiene la comunidad participativa donde se articula el conocimiento científico, social, y el saber popular (dialéctica del conocimiento).

OBJETIVOS DE INVESTIGACIÓN DESDE LA PERSPECTIVA CUALITATIVA:

Los investigadores brindan la oportunidad de analizar e interpretar los criterios para evaluar el proceso de investigación en el desarrollo de las actividades investigadas. Los objetivos de investigación son de gran importancia para el estudio investigativo en los procedimientos, cualitativos y metodológicos, medio para establecer la teoría y la práctica, fundamentos para la formulación del problema, donde los objetivos desde su carácter valorativo y orientador expresan la objetividad y subjetividad del estudio investigativo. Es por ello, que los objetivo de investigación tienen que estar articulado directamente con el propósito que mueve la investigación, los objetivos como referencias son portadores del conocimiento, ideas, análisis e información sobre la temática que persigue el proceso de investigación desde la perspectiva cualitativa.

Según FUENTES, H. (2004). El objetivo de investigación es la configuración del proceso que refleja la aspiración, el propósito de la investigación y que, por lo tanto, presupone el objeto transformador, de la situación del problema, para transformar el objeto de investigación. Es una construcción del investigador, buscar los resultados de la caracterización del objeto y el problema de investigación. Los objetivos responden al para que de la investigación es por ello, que los objetivos presentan un propósito e interés para el investigador los objetivos deben tener una expresión clara, precisa, sin términos vagos, ni juicio de valor, metas y propósito de la investigación.

REDACCIÓN DE LOS OBJETIVO DE INVESTIGACIÓN:

La redacción de los objetivos de investigación contribuyen hacer posible el planteamiento de la investigación, donde la toma de decisiones de acuerdo con la óptica del problema. La redacción de los objetivos debe estar enfocada, con la realización del estudio es en sí una forma de proponer soluciones a la temática planteada. En este sentido los objetivos de investigación debe explicar e impactar en cada propósito que se pretende cumplir, o que se pretende alcanzar. El proceso de investigación debe estar vinculado con la construcción de los objetivos ya que es la forma de analizar el tema desde las estrategias metodológica, acción para que el investigador e investigadores lleguen a la conclusión o resultado del proyecto de investigación.

ARTICULACIÓN DE VERBOS CON LOS OBJETIVOS DE INVESTIGACIÓN:

Los objetivos de investigación orientan la estructura del proyecto, es la interpretación del estudio, fundamentado en el conocimiento previo del problema investigativo. Donde la articulación de los verbos con los objetivos centran el anunciado, es decir, lo que intenta obtener como resultado. Inicial los objetivos de investigación con un verbo infinitivo es hacer énfasis en el análisis, metodología, y sistematización. Con ellos se expresa la idea central de la investigación, para identificar de forma clara los resultados esperados. Los objetivos de investigación se expresan a través de los verbos infinitivo, que son los cognitivos o de estilo, de acción y de valor.

Verbo utilizado en la redacción de objetivos de Investigación.	
cognitivos o estilo	Analizar, buscar, clasificar, comprar, identificar, comprobar, discriminar, establecer, Emitir, identificar, orientar, observar, diseñar, presentar, interpretar, resumir.
de acción	adquirir, aplicar, comunicar, construir, coordinar, crear, describir, diseñar, experimentar, formular, investigar, planificar, calificar, comprobar, explicar, clasificar, establecer, justificar.
de valor	Actuar, demostrar, evaluar, inferir, juzgar, permitir, reconocer.

Expresión de los verbos infinitivos. Fuente: JULIA R.MOT. Citado por "logse "diseño interpretativo por el autor.

OBJETIVO GENERAL:

El objetivo general debe involucrar un solo logro que delimite la investigación, cuya formulación es con base a un propósito o meta que conformen la síntesis del proyecto. El objetivo general es un plan estratégico de acción que asocia la temática o título del estudio investigativo, aplicando los anunciados que el investigador debe alcanzar. El objetivo general, expresa un (que, como) un (como) un (para que). Referencias de análisis que orienta a la solución del problema.

OBJETIVO ESPECÍFICO:

Los objetivos especifico parte del objetivo general, es el que orienta la dirección de la investigación y se analiza sobre qué resultado queremos obtener, en dicho objetivo, donde se focaliza el tema de investigación y sus procedimiento, facilitando la comprensión de las metas alcanzar.

Los objetivos son modelos que admiten la interpretación en la acción de la investigación. Cabe indicar que la síntesis de los objetivos de investigación de acuerdo con su naturaleza va de lo simple a lo complejo, mediante la síntesis de los objetivo se llega a la conclusión concreta sobre la propuesta de la investigación.

MÉTODO DE INVESTIGACIÓN:

El método de investigación es un procedimiento sistemático para establecer los hechos o fenómeno de investigación. El método permite profundizar, la técnica e instrumento aplicados en el procedimiento del estudio investigativo y el análisis de la realidad estudiada, donde la dinámica de investigación se fundamenta en la acción metodológica, enfoque para analizar e interpretar la realidad estudiada. El método y la técnica son procedimiento estratégico, que permite a el investigador e investigadores acceder a la concepción teórica y práctica ya que parte de la realidad estudiada. Vinculada al conocimiento, análisis e investigación. El método en la investigación cualitativa se puede definir como un instrumento valioso que se emplea para la adquisición del conocimiento y datos informativos acerca de la realidad social, promoviendo la participación del sujeto y sujeto activo en el proceso del estudio investigativo, desde la acción y reflexión de la investigación, paso que permite cumplir y controlar el proyecto en marcha. El método su aplicación es de gran importancia en el desarrollo de la investigación ya que su enfoque progresa en un sistema ordenado y sistemático cultivando al conocimiento la experiencia facilitando los niveles de explicación e interpretación en el proceso de investigación.

MÉTODO/TEORÍA/ METODOLOGÍA:

Método, teoría, metodología, factores que brindan las prescripciones y los procedimientos para la construcción del conocimiento e interpretación de la investigación. El método, teoría y la metodología constituyen un aporte significativo dentro de proceso de investigación, el cual conduce al investigador e investigadores a obtener mayor información de la realidad y la posibilidad de abordar su objeto de estudio bajo la praxis cualitativa. En el proceso de la investigación el método, teoría y la metodología representan el camino más apegado a las necesidades de la investigación, es seguir el análisis para la resolución de una problemática, enfoque que son enunciados para obtener respuestas en el procedimiento sistemático de la investigación. La vinculación del método, teoría, y metodología sus enfoque conllevan al paradigma cualitativo y a las características propias del hecho, casos, o fenómeno ello implica elevar el conocimiento científico social. Expresiones que el investigador e investigadores deben tomar en cuenta para realizar el estudio investigativo. Para la investigación cualitativa el enfoque del método, teoría, y metodología permiten analizar los principios prácticos y toma decisiones garantizar el logro de los objetivos, validez y confiabilidad exigida en la comprensión y elaboración de los proyectos sociales.

El método, teoría, y metodología como estrategias de la investigación que busca de profundizar en su estudio donde es fundamental. Definir, establecer y llevar a cabo las funciones que son propias del proceso de investigación.

Característica del método, teoría, y metodología:
Método: es un proceso sistemático establecido para realizar el estudio investigativo y alcanzar sus objetivos siendo clave para el análisis cualitativo. En la praxis de la investigación cualitativa el método como procedimiento estratégico, permiten a los investigadores acceder a la concepción teórica y práctica, procedimiento ordenado que se sigue para establecer el significado de los hechos y fenómenos y así se confirma el proceso de acción y reflexión de la investigación.

Teoría: se define como un conjunto de conocimientos sistematizado y conceptualmente, es decir una serie de conocimiento relativo y organizado que pretende explicar e interpretar la realidad del estudio sobre el cual se desarrolla la investigación, la epistemología y la ontología comprensión de la dialéctica teórica y práctica acciones que permiten la formulación teórica basada en la realidad social.

Metodología: los procedimientos metodológicos derivan de una posición teórica y práctica propia de la investigación donde se formulan estrategias orientadas a sistematizar la experiencia obtenida en el trabajo de investigación.

Para Taylor y Bogdan, señalan que el término de la metodología designa el modo en que se enfocan los problemas y se busca la solución.

Las estrategias metodológicas son referencias al procedimiento de análisis crítico, observación y técnicas aplicadas en el desarrollo de la investigación. Acciones sistemática que consolida la investigación desde el enfoque cualitativo.

OBSERVACIÓN INSTRUMENTO CLAVE PARA LA INVESTIGACIÓN:

Desde la antigüedad, el hombre contemplo los fenómenos de la naturaleza con curiosidad y asombro, donde la necesidad de definir, el fenómeno lo llevo a establecer procedimientos de observación. Acto de voluntad consistente que selecciona una zona o entorno para hacer referencia del fenómeno o realidad. La observación como instrumento clave en la investigación, es la acción para identificar la necesidades propias de la investigación, la observación es un elemento fundamental para los procedimiento teóricos, practico y metodológico, en función de la investigación científico social. El investigador e investigadores observan y estudian la característica del fenómeno, utilizando la observación con un objetivo bien determinado en el proceso de investigación, estrategia imprescindible para el conocimiento, análisis , sistemático de la realidad objetiva y subjetiva.

OBSERVACIÓN, MÉTODO Y TÉCNICA:

En el proceso de observación se ha sugerido métodos y técnicas, que constituyen estrategias vinculadas al proceso de investigación social. Procedimiento donde se recopilan datos e información de los hechos y realidades presentes, en el contexto social, donde los actores sociales interactúan, desarrollan su actividades, mediante el método y la técnica de observación. A través de dichos proceso se intenta captar el problema de investigación. La técnica de observación es un instrumento de recolección, clasificación, medición y análisis de datos, proceso que tiene fundamento epistemológico, teórico y metodológico. El método de observación es un instrumento de análisis que de manera sistemática va formulando los procedimientos de investigación, es decir se profundiza en el conocimiento de la realidad social.

OBSERVACIÓN PARTICIPATIVA:

La observación participativa, es un método de aplicación en las ciencias sociales, vinculado al conocimiento, análisis y la reflexión en el proceso de investigación. El cual permite al investigador e investigadores establecer relaciones directas con el colectivo en su escenario de investigación. La observación participativa desde la praxis cualitativa contribuye a la descripción de los hecho y realidades, que están presente en el contexto real de la investigación, La observación participativa es una estrategia para conocer e interpretar el fenómeno social según sea su dimensión. La observación participativa en el proceso de investigación debe ser entendida como guía y orientación a la metodología, teoría, practica, análisis crítico y sistemático. Procedimiento enfocado desde la perspectiva epistemológica, ontológica y cualitativa. Para, levi-strass (1958). La observación participativa es una metodología de investigación en donde el observador elabora descripciones de la acción, discurso y la vida cotidiana de los sujetos estudiado.

PROCESO DE LA OBSERVACIÓN PARTICIPATIVA:

Sujeto investigado e investigadores, que observan el fenómeno o estudio de investigación, con el propósito de interpretar los hechos y regístrala para el análisis.

Objeto de estudio, lo que se observa y describe los hechos, siendo este un acercamiento a la objetividad y lo subjetivo acto de conocimiento. Los medios son los sentidos que van a orientar la observación, particularmente, la vista y el oído el cual permitirá conocer y percibir los hechos y fenómenos.

Los instrumentos como estrategia y su aplicación en la observación participativa son de gran importancia en el desarrollo de la investigación, métodos que de una u otra forma van a registrar y captar lo observado como datos, videos, fotografía, entrevistas entre otros.

La observación participativa y la metodología contribuyen al desarrollo teórico- práctico, estrategia que requieren de la lógica de indagar, buscar, analizar y preparar las acciones para atender o abordar el problema a solucionar.

La observación es una estrategia fundamental en el proceso de investigativo donde se fundamentan la metodología, planificación y la sistematización, estrategias que ayudan a darle cuerpo al proyecto de investigación social.

Entrevista como estrategia de investigación:

La entrevista como estrategia de investigación se define como un proceso dinámico que consolida las estrategias metodológica que remite al investigador e investigadores a tener contacto con los actores sociales (colectivos), entrevistador, entrevistado. La entrevista más que una técnica para obtener información, es una estrategia de acercamiento del investigador e investigadores con la propia realidad en estudio. Donde se obtiene la información y la descripción de la problemática en estudio, proceso relevante para conocer, general ideas, y analizar propuesta que se fundamenta en sus planteamientos o expresiones en el enfoque cualitativo. Su estrategia y objetivo es hacer exploración sobre el problema, basado en el criterio metodológico de la investigación. Que se concreta en analizar, ordenar, sistematizar y relacionar las conclusiones sobre el problema de investigación. La entrevista como estrategia en la acción cualitativa, es darle sentido a la experiencia personar, historia de vida, y el conocimiento profundo de la realidad social.

ENTREVISTA PROFUNDA:

La entrevista profunda es la vinculación con las ideas, análisis crítico y reflexión sobre el proceso de investigación. Este implica conocer la opinión de los actores sociales (colectivos), sus experiencias, sobre la realidad social. La entrevista profunda consiste, en ser abierta y semiestructurada, es decir con un breve guion de preguntas relacionadas con el estudio de investigación. Los informantes claves son las personas que cuentan con pleno conocimiento acerca de la realidad y su espacio social,(entrevistador obtiene datos del entrevistado). La importancia de la entrevista profunda es captar el momento de analizar, interpretar, y comprender las experiencias humanas, objetivas y subjetivas, proceso que radica en conocer a los sujetos de estudio en su propio escenario. En el proceso de investigación cualitativa, La entrevista profunda como estrategia es la estructuración y sistematización de la información como atención a la problemática social, en un sentido amplio, acción que permite al investigador e investigadores, comprender La realidad social.

EVALUACIÓN ORIENTACIÓN A LA INVESTIGACIÓN:

La evaluación en el proceso de investigación es una herramienta de gran importancia, ya que a través de su aplicación, se estudia y se analiza la información entorno a la naturaleza del estudio, en cuanto a su estrategia metodológica y su resultado. Los mecanismo de evaluación se aplican en cada estrategia de la investigación como el diagnostico, la teoría, practica, método de análisis, objetivos y la sistematización. Estrategias que valoran las acciones que se han realizado en el proceso de investigación. La evaluación es un lineamiento, que establece la acción del conocimiento a la investigación, el cual se refiere a la evaluación de la propuesta y su importancia en la temática de investigación. Todo proceso de evaluación es continuo y se conceptualiza en el análisis y criterios, donde se determinan la pertinencia del proyecto. El investigador e investigadores en el proceso de investigación hacen sus operaciones, en función de la evaluación referida al estudio de investigación, que permite establecer acciones orientadas a la capacidad de análisis y evaluar la propuesta de la investigación en su medio social. El estudio evaluativo es conocer e indagar sobre la realidad contextualizada, donde se formulan las estrategias metodológica, vinculadas al paradigma cualitativo. Podemos afirmar que la evaluación es un proceso sistemático que permite ampliar la estrategia metodológica en función del análisis y la experiencia en el estudio de investigación.

La evaluación tiene su fundamentación estratégico que va direccionada al reconocimiento teórico y práctico, donde se pretende aportar elementos para la reflexión y el debate acerca de la investigación en torno a los proceso de participación, eficacia y eficiencia e impacto que el estudio de investigación en su acción puede tener en beneficio y su aporte a la comunicación para el cambio social.

CAPITULO VIII
PROCEDIMIENTO Y FUNDAMENTACIÓN DE LA INVESTIGACIÓN

OBJETIVIDAD Y SUBJETIVIDAD:

La objetividad y la subjetividad son enfoques vinculado a la epistemología, ontología y a la fenomenología. En el proceso de investigación cualitativa, a partir de la objetividad y subjetividad es el balance del estudio científico social, donde el conocimiento es la fuente para analizar y conceptualizar los procedimientos de la investigación.

OBJETIVIDAD:

La objetividad se refiere a la interpretación de la realidad tal como ocurre, es conocer y valorar las ideas y opiniones de la persona o grupos de personas y el colectivo como un todo. Es la expresión de conocer las características reales y comprobar la objetividad del fenómeno observado desde todo los puntos.

SUBJETIVIDAD:

La subjetividad es la cualidad del subjetivo el cual se trata de aquello perteneciente o relativo al sujeto, la subjetividad es la propiedad opuesta a la objetividad, es la interpretación de los hechos y fenómeno, no objetivamente sino desde un punto de vista personal.

CONOCIMIENTO CRÍTICO REFLEXIVO:

En todo proceso de investigación, el conocimiento crítico reflexivo se basa en la amplitud del criterio, análisis y comprensión del problema. El investigador e investigadores cualitativos deben tomar consciencia de lo importante que es enfocar el problema de investigación desde el conocimiento crítico reflexivo e investigar más acerca del tema en estudio. El conocimiento critico reflexivo intenta relacionar de manera sistemática todo los conocimiento adquiridos acerca de un determinado ámbito social, y fundamental el razonamiento científico, social, critico. Descartes, deduce que la esencia de la naturaleza del conocimiento reside en el pensamiento que todas aquellas cosas que podamos distinguir claramente con el son ciertas, de esta manera llega a la sentencia, cogito ergo---sum. (Pienso, por tanto existo), está clara distinción es para conocer la llamada intuición o deducción único medio valido para construir un cuerpo de conocimiento basado en fundamento firme. El conocimiento crítico reflexivo es una praxis que propone analizar, entender, sistematizar y evaluar la manera en la que se organizan los conocimientos que se pretenden conceptualizar e interpretar las estrategias metodológica.

En el desarrollo de la investigación, el conocimiento critico reflexivo ayuda al investigador e investigadores a resolver problemas, lo hacen más analítico, querer saber e investigar más acerca del tema de interés científico social.

El conocimiento se amplía con el apoyo de la investigación y nunca al revés, esto demuestra que si conseguimos un conocimiento vulgar o científico pasamos por una experimentación que en el momento queríamos saber y aprendimos, sabemos entonces que el conocimiento sirve como guía para aceptar la formulación del problema a investigar.

El conocimiento critico reflexivo su acción estratégica está enmarcada dentro de la modalidad de la investigación cualitativa, donde el investigador e investigadores tienen que ser críticos, esto implica conocer e interpretar la realidad, analizar el contexto, enfrentar y evaluar los perjuicio sociales profundizando el proceso de investigación para establecer transformaciones sociales.

IMPORTANCIA DEL CONOCIMIENTO CRÍTICO Y REFLEXIVO:

El conocimiento critico reflexivo es importante en el desarrollo de habilidades para el trabajo de investigación científico social. Proceso que permite herramientas como observación, experiencia, reflexión y razonamiento. Factores de importancia e impacto en el estudio investigativo. A partir de lo expuesto, y ante el reconocimiento de la importancia y necesidad de incorporar la función investigativa teniendo en cuenta la realidad social.

TEORÍA SOCIAL:

La teoría social es el estudio sistemático de la sociedad o grupos que la conforman, en el proceso de investigación la teoría social fundamenta las acciones epistemológicas donde puntualiza el saber científico social, haciendo posible, la descripción, prescripción, predicción y comprobación sistemática de las ideas enfoque teórico social y estructural. Factores que han contribuido a incrementar las sospechas sobre la teoría social en el mundo contemporáneo es el ascenso del método cualitativo donde es indispensable para la ciencias sociales y guiar los proceso de cambios en la sociedad humana.

Desde la perspectiva de la investigación la teoría social es la relación metodológica, sistemática y reflexión práctica. Para hallar los principios explicativo del orden social. Como podemos describir, el concepto de teoría es un concepto polisémico donde existen múltiples definiciones de teorías, donde se expresa el conocimiento, ideas y la verdad.

La teoría es una guía para la investigación el cual constituye un punto de partida para el desarrollo metodológico y la objetividad en el proceso de investigación, articulando la relación teórica--practica estableciendo el marco conceptual de investigación y las acciones propias del estudio investigativo, como el proceso de conocer, planificar, actuar, observar y reflexionar sobre los hechos casos o fenómenos. Estudios sistemáticos orientados a aumentar el conocimiento de la realidad social de manera científica, social y humanista.

TEORÍA CRÍTICA

La teoría crítica se fundamenta en la corriente filosófica para designar a la doctrina que nación en la escuela de Frankfurt, para establecer críticas a la teoría tradicional. La validez de una teoría crítica en el proceso de investigación es la acción epistemológica es decir un nuevo nivel de conocimiento critico cuya relación se ha acentuado en el contexto social, político, educativo, cultural y económico. Ordenamiento sistemático orientado fundamentalmente en el proceso de investigación cualitativa.

La teoría crítica responde a la concepción social, esta perspectiva de investigación establece una profunda relación sujetos---sujetos con el objeto de promover las transformaciones sociales, en síntesis la teoría crítica propone la concepción dialéctica como resultado de la reflexión hacia la realidad social. La teoría crítica juega un rol importante en la dinámica de la investigación social actividad que les permite al investigador e investigadores cualitativos acciones enmarcadas dentro del análisis crítico que coadyuve a un verdadero conocimiento utilizando las diversas fuentes e interpretaciones de la realidad y llegar a la transformación social.

La expresión epistemológica—ontológica constituye elementos de rigor científico, social y humanista en el estudio de la realidad social. La teoría crítica caracteriza una concepción materialista en el sentido de afrontar fenómenos y problemas desde la perspectiva de la investigación, dinámica del quehacer científico social. Hacer un análisis materialista también significa concebir la sociedad como un todo. el desarrollo de un proyecto de investigación bajo la praxis de la teoría critica es transdisciplinario que en el nivel epistemológico emplea los métodos y categorías teóricas que describen la realidad social como campo dialectico estableciendo una sociedad cooperativa participativa y protagónica.

Para Horkheimer, el objetivo de la teoría crítica es la mejora de la sociedad, en el interés de una sociedad organizada donde la toma de decisiones es promovida en forma colectiva como paso posterior al reconocimiento y análisis de los problemas. La teoría crítica arroja luz crítica sobre la sociedad actual bajo la esperanza de una mejora radical de la existencia humana.

DIALÉCTICA DEL CONOCIMIENTO:

La dialéctica del conocimiento es un método de interés para el investigador e investigadores ya que el enfoque dialectico de la realidad social es un punto de partida para la investigación social. La concepción dialéctica del conocimiento propone que el sujeto construye al objeto de conocimiento, y que esta construcción es mediada por la experiencia previa al sujeto, sus creencias, valores, y preferencias e intereses.

La dialéctica del conocimiento y su articulación en la investigación cualitativa promueve la estrategia metodológica en su concepción dialéctica y reflexiva, enfoque para conocer la verdad mediante la integración, participación y análisis. Proceso que establece la relación teórica y práctica, vinculado al contacto social. La epistemología, y la ontología son disciplinas que contribuyen al conocimiento verdadero y eficaz, en la búsqueda de la objetividad y su objetivo de estudio que permitirá desarrollar criterio más amplio, más reflexivo, y más sistemático. El propósito de la investigación cualitativa y la dialéctica del conocimiento, es importante porque orienta la percepción del fenómeno de estudio y es relevante en la formulación del problema o situación a investigar. Para Miguel, M, Martínez. La investigación está centrada a general cambios en las estructuras sociales. Donde se planifican estrategias para responder a los problemas del entorno e ir a los cambios de paradigmas. Un nuevo paradigma exige derrocar el viejo paradigma, y no precisamente una adición a la teoría precedente de los datos familiares, son vistos de una manera enteramente nueva y los términos antiguos adquieran una significación diferente, (paradigma emérgete). En este sentido la investigación cualitativa en su carácter inductivo y su concepción holística diversifica, las estrategias metodológicas construyendo un puente que favorezcan, las ideas, propuestas, análisis crítico, reflexión y sistematización. Aspectos que van a permitir consolidar los métodos y procedimientos de la investigación, en su enfoque científico social.

INVESTIGACIÓN PARA LA TRANSFORMACIÓN SOCIAL:

En todo proceso de investigación se busca la transformación, desde el estudio científico y social. El desarrollo de la investigación social, se vale de su perspectiva y se fundamenta en el sentido epistemológico, ontológico, fenomenológico cualitativo y la investigación acción participativa. Donde la metodología tiene un amplio alcance en el conocimiento y los procedimientos teórico y práctico acción que se orientan hacia los elementos o fenómeno de los hechos sociales. La investigación para la transformación social es dale sentido al estudio e interpretación de la realidad social, desde el proceso de investigación, que estimula la participación comprometida, critica y responsable de los involucrados, acción para promover la trasformación social, para el beneficio de los actores sociales (colectivo), participante en la investigación.

La transformación se inicia a través del conocimiento, acerca de la realidad social y orientada a dilucidar los procesos de la acción humana, estudio sistemático e interpretativo, desde el enfoque cualitativo. En la investigación social, en su función de indagar, escudriñar y dialogar son estrategias que el investigador e investigadores comparten con los investigados en su propio contexto. La perspectiva de la investigación comprende el conjunto de métodos, técnicas, y procedimientos para la captación de información, donde se construyen preguntas y se obtienen respuestas pertinentes, fiables, concretas acerca del proyecto de estudio. Cuyo propósito de la investigación es conocer la realidad social y promover la transformación conforme a unos criterios y objetivos propuestos. El conocimiento y el análisis permiten captar las acciones del estudio investigativo, donde se centrara en la interpretación de la realidad social, cuyo propósito es la transformación social.

PROYECTO COMUNITARIO BAJO LA PRAXIS I.A.P:

Bajo la praxis de la investigación acción participativa se fundamentan los proyectos comunitario paso para la toma de decisiones de acuerdo al problema, acciones para elevar el conocimiento, diagnóstico y el análisis a través de la práctica social. Donde el investigador e investigadores implementan herramientas metodológicas que permitan verificar la prioridad del objetivo pertinente en el proceso de investigación, analizar la situación e interpretar desde el sentido crítico la realidad estudiada. Un proyecto bajo la praxis de la investigación acción participativa permite una visión más completa de la realidad estudiada, y así ordenar sistemáticamente las propuestas de investigación.

En el desarrollo de la investigación la descripción del análisis crítico en la acción social es el estudio del comportamiento social que se focaliza en los cambios de paradigmas acciones que motivan al investigador e investigadores y actores sociales involucrados en el proceso de investigación, para avanzar hacia una propuesta metodológica que conciba una relación sujeto y sujeto. A través de la investigación acción participativa, se involucran activamente la organización social, "comunidad" en la toma de decisiones, sobre la implementación de las técnicas a utilizar en el análisis e interpretación para la puesta en práctica del proyecto social.

La participación y el compromiso son dos conceptos clave para el proceso de investigación donde los investigadores y actores sociales promueven el conocimiento, concientización, y la toma de decisiones promovida en forma colectiva como paso al análisis del problema. Procedimientos que permite conocer y valorar las comunidades desde el proceso de investigación social.

La participación en el proceso de investigación exige niveles de comunicación, decisiones y va-

lorar todos los elementos que intervienen en el estudio investigativo. La base teórica de la investigación acción participativa se refiere al socio praxis "paso de los temas sensible a los temas integrales". Esto permite que la formulación y ejecución de proyectos
Comunitarios estén orientado a la satisfacción de necesidades de la comunidad e ir al cambio de paradigma social elevando la conciencia crítico.
Desde la praxis de la investigación acción participativa la población es el agente principal de la transformación social. La participación y colaboración dependerá del cambio efectivo de la situación que vive. Los efectos y las ventajas que se presentan en el proceso y aplicación del I.A.P son las siguientes:

- El I.A.P conjuga el conjunto de factores sociales, político, económico, psicológico, institucional, teórico que caracteriza un contexto socio histórico donde surgen y tiene anclaje la investigación.
- El I.A.P permite entender que, para que, quien y el cómo de la investigación, "acto de hacer ciencia."
- Permite la integración masiva de la comunidad como un todo, para gestionar y concienciar sobre los problemas existentes reflexionar sobre las necesidades reales.

- Permite conocer sobre los problemas las necesidades por la cual atraviesa la colectividad a fin de canalizar los medios posibles para su solución.
Fuente, Carla Santaella

Un proyecto comunitario es la descripción, análisis de los temas que hacen referencia a los problemas identificados y a los objetivos del proyecto. Donde la sistematización reconstruye las experiencias, ordenamiento, análisis y reflexión e interpretación de las acciones para promover el conocimiento y el cambio de las prácticas sociales.

PROYECTO DE INVESTIGACIÓN DESDE LO SOCIAL:

El proyecto de investigación social es una propuesta de acción donde se especifica con claridad y objetividad la temática o estudio a indagar, generando estrategias metodológicas que orienta la investigación. Un proyecto es ir construyendo un puente que constituya las propuestas partiendo de una realidad, donde se recopilan informaciones generales y específicas sobre el tema a estudiar, con la aplicación de método el cual se busca conceptualizar la problemática a partir de los objetivos planteados en la formulación del problema y estratégicamente preparar las acciones para atender los propios problemas, a realizar estrategias planificadas y contextualizar la realidad del problema, proceso que va a general conocimiento, ideas, análisis y reflexión. Relación que vincula los procedimientos de actuación teórica y práctica.

El proyecto desde lo social comprende de una serie de actividades y estudio partiendo de la realidad, donde las descripciones se realizan desde la observación que adopten la forma de entrevistas, experiencias que permitan analizar e interpretar y consolidar el proyecto de investigación desde lo social. Los proyectos desde la óptica de la investigación cualitativa o la investigación acción participativa, proporcionan al investigador e investigadores herramientas metodológicas para aplicar procedimientos sistemático, critico, reflexivo, e interpretativos. La realización de proyecto de investigación permite dar respuestas y solución a los problemas sociales, con el verdadero sentido del conocimiento el cual permite que la formulación y ejecución de proyectos este orientada a la satisfacción de necesidades de la realidad social. Los momentos del proyecto de investigación responden a la acción del conocer y analizar los elementos básicos que caracterizan un proyecto desde la formulación técnica, metodológica, teoría, practica y valorando todos los elementos que intervienen en ellos.

COMO HAGO UN PROYECTO DE INVESTIGACIÓN:

La formulación de un proyecto de investigación implica, unas series de decisiones, de opciones y una guía para el desarrollo del cuerpo o estructura, que se funda en situaciones teóricas y prácticas. El proyecto de investigación, permite establecer el verdadero valor y la contribución al conocimiento, que debe contener la formulación del proyecto de investigación. El estudio se fundamenta en la percepción del problema, basada en el procedimiento sistemático y análisis de los hechos o fenómeno a investigar.

Realizar un proyecto, es profundizar la veracidad de la investigación, donde sus procedimientos presentan resultados y deben llegar a su conclusión y promover mayores niveles de conciencia crítica y compromiso en el abordaje del problema a investigar.

La respuesta a como hago un proyecto de investigación, está en el trabajo de investigación en lo que, el o los aspirantes a proyecto de grado, analizan, proponen y demuestran a través del conocimiento, estudio, indagación, observación, análisis, ideas, propuesta, diagnostico, flexibilidad. Relaciones que van a orientar y consolidar el planteamiento en el estudio investigativo y la comprobación de los resultados con rigor, científico, social y documental. Es decir el método de estudio es una herramienta para llegar a los resultados y conclusiones que aportan nuevos conocimientos dentro de la disciplina de hacer y saber, para que y por qué realizar un proyecto.

Un proyecto de investigación, es un compromiso académico, personal o grupal y social. Donde se responde al conocimiento y al fundamento de la investigación, desde el ámbito científico, social, tecnológico y educativo. Es importante destacar que el proyecto de investigación su aportaciones son de gran relevancia, para innovar, crear nuevas teorías, y plantear nuevas interrogantes, aportar mayores elementos para el conocimiento de la realidad investigada, para transformar y humanizarla de manera más cónsona a la exigencia de la sociedad en su continuo desarrollo.

El proyecto de investigación es una estructura de ordenamiento, lógico y metodológico que constituye los procedimientos partiendo del estudio de investigación, donde se recopilan las informaciones generales y específicas sobre el tema o la temática a investigar es decir realizar un proyecto de investigación, es extender la mirada, más allá del aquí y del ahora. Es el querer general y consolidar los espacios de estudio, asumiendo el compromiso y contribuir a las aportaciones, recopilación o experimentación de un conocimiento adaptado a una metodología de investigación con criterio propio.

El propósito final de un proyecto de investigación, es consolidar su procedimiento orientados a los cambios que se buscan en el proceso de investigación

Esquema para la realización de un proyecto como fuente al conocimiento, a las ideas y procedimientos:

Sentido del problema:
- Título de la investigación.
- formulación del problema.
- objetivos de investigación.
- justificación.
- limitaciones.

Sentido del marco de referencia:
- fundamentos teóricos.
- antecedentes del problema.
- elaboración de hipótesis (opcional).
- Bases legales de la investigación.
- identificación de las variables.

Sentido metodológico:
- diseños de técnicas de recolección de información.
- población y muestra.
- técnica de análisis.
- índice analítico del proyecto.
- guía de trabajo de campo.

Aspectos administrativos:
- recurso humano.

- presupuesto.
- cronograma de actividades.
- Bibliografía.
- Anexos.

EL SENTIDO DE UN PROBLEMA:

El sentido del problema es para identificar el problema, donde hay que conocer, saber, lo que será investigado. El por qué, para que y cuál es la importancia del hecho o fenómeno a investigar, si la investigación en su proceso tiene criterio en el escenario de estudio.es enfocar la contextualización del problema, interrogantes del estudio investigativo, objetivos de investigación, justificación y limitaciones. Procedimientos que contribuyen a la formulación del proyecto de investigación.

SENTIDO DEL TÍTULO:

El titulo o tema de investigación para desarrollar el proyecto debe ser claro, preciso y completo. En su acción tiene que indicar dónde, que, como y cuando. Proceso que se describe en forma clara y buscar sea de utilidad para la actividad investigativa. E indicar el lugar a que se refieren los datos, el fenómeno que se presenta las variables que se interrelaciones. El proyecto de investigación debe fundamentarse en el título o temática, ya que vincula el conocimiento, análisis y la formulación del problema, en el proceso formal sistemático y coordinación del trabajo de investigación.

SENTIDO DEL MARCO REFERENCIAL:

El marco referencial, hace referencia al problema a investigar, marco referencial contribuye a los hechos teóricos, explicando los elementos contenidos en la descripción del problema, que se puedan debatir, esto implica conceptualizar, analizar, los fundamentos del marco teórico o referencial. El sentido del marco referencial son los antecedentes relacionados con la investigación y los fundamentos teóricos del estudio de investigación y su proyección al conocimiento.

SENTIDO METODOLÓGICO:

En el sentido metodológico, proceso que permite consolidar las estrategias direccionadas a la investigación científica. Enfoque que orienta el diseño y técnicas de la recolección de información. Aquí debe concentrarse todo los procedimientos relacionada con él, como va a realizar su trabajo u objeto de estudio, y que herramientas va a utilizar en el proceso de investigación. El sentido metodológico, incluye modelos, tipos y diseño de la investigación, técnicas e instrumentos, población y muestra, y recolección de datos. Dichas estrategias hacen referencia al procedimiento especíco para realizar el proyecto de investigación con sentido científico, social, educativo y tecnológico. La formulación de un proyecto de investigación siguiendo todos sus procedimientos tiene como propósito, descubrir respuesta a determinada interrogantes a través de la aplicación del proceso científico. Estos procedimientos han sido desarrollados con el objetivo de aumentar el grado de certeza de la información reunida en el trabajo de investigación. Un proyecto es una respuesta de acción que implica transformar las realidades, conforme a un criterio y objetivos propuestos.

ELABORACIÓN DE UN PROYECTO COMUNITARIO:

Un proyecto comunitario es la descripción y análisis de los temas que hacen referencia a los problemas sociales. Donde el proceso de sistematización reconstruye las experiencias, su ordenamiento, análisis y su reflexión e interpretación de las acciones vinculadas al conocimiento, a la práctica social y a la praxis de la investigación acción participativa. El proyecto de investigación se desarrolla conforme a sus criterio, donde deben estar direccionados a la necesidades de las estructura sociales, partiendo de una realidad y transformándola. El investigador e investigadores, en su estudio investigativo, en la realización de su proyecto comunitario, debe estar vinculado directamente con el colectivo o la comunidad, acción que permite la participación y la convivencia para establecer las estrategias que afronte los problemas en estudio. Para el desarrollo del proyecto comunitario, la acción metodológica debe aplicarse a través de un lenguaje práctico, técnico, reflexivo y comprensivo, desde el enfoque cualitativo e interpretativo, que a su vez articula la teoría y práctica generando la posibilidad de establecer el diseño de la investigación. El investigador e investigadores no deben desvincularse de la comunidad ni del colectivo porque es allí donde se estudia y se conoce la realidad del problema, escenario para inicial las propuestas para el proyecto de investigación, desde su enfoque científico social. El proyecto comunitario su punto de partida es el diagnostico social, que constituye la incorporación de las funciones, a la práctica social. Por la cual se implementan todos los procedimientos que conducen a la estrategia metodológica, herramientas que permiten verificar la prioridad de los objetivos pertinentes, el análisis crítico de la situación e interpretación. Un proyecto realizado desde y con la comunidad, generaliza un conjunto de conocimiento fundada en la realidad del estudio social, donde se busca de explicar sistemáticamente, el fenómeno o hecho social. La participación y el compromiso son estrategias para profundizar los procedimientos científicos, técnicos, sociales, y su estrategia metodología, acción para recorrer el camino de la investigación, donde la integración del investigador e investigadores, junto a los actores sociales (colectivo o comunidad, como un todo), desarrollaran la investigación desde la planeación y recopilación de información para establecer la problemática en estudio el cual se orienta a través de las siguientes disciplinas. Epistemología, ontología, etnografía, fenomenología y la estrategia metodológica. Procedimientos y herramientas para el desarrollo del proyecto comunitario.

Los proyectos deberán ser elaborados respondiendo a las necesidades del colectivo o la comunidad, buscando y conociendo a fondo la realidad social para buscarle la solución a través de procedimientos clave, como las estrategias metodológicas, observación participativa y análisis crítico. Proceso que describe las necesidades localizada en la comunidad.

Los proyectos comunitarios forman parte de la investigación social (proyecto social), que tiene la finalidad de conocer y transformar la realidad social.

CONTENIDO PARA EL DESARROLLO DE UN PROYECTO COMUNITARIO:

Planteamiento:

Problema permite una visión más completa del estudio de la realidad, donde parte el conocimiento, las metas y objetivos. Un proyecto comunitario se inicia desde el problema detectado a través del diagnóstico.

Diagnóstico:

El diagnóstico es una herramienta que permite precisar y explicar la realidad estudiada, su acción es clave, para el conocimiento del problema y vincular la teoría y la práctica fundamentos para describir la visión del problema que afecta a la comunidad.

Infraestructura De La Comunidad:

La Infraestructura Es Donde Se Determinan Los Recursos Y Servicios Que Deben Existir En La Comunidad. Tales Como (Agua, Luz, Teléfono, Espacio Público, Escuelas Entre Otros).

Aspecto Económico:

En La Comunidad deben existir empresas de Producción social que Propicie, efectos económicos con el propósito de cubrir necesidades directas dentro de las comunidades. Donde La existencia de empresas, como de transporte, alimentación y servicios, van a determinar las formas de convivencia social.

Aspecto social:

Los aspectos sociales conllevan a conocer a los habitantes y grupos de familias en todo su entorno, e identifica el problema de la comunidad, como inseguridad y violencia doméstica, y algún otro aspecto dentro la comunidad.

Aspecto institucional:

Es precisar las instituciones públicas y privadas, que funcione en la comunidad, y en que se benefician las organizaciones sociales.

Identificación del problema:

El propósito de un problema comunitario es conocer su realidad, e identificar las necesidades y prioridades. Que permiten al desarrollo del proyecto orientado a la satisfacción de necesidades reales de la comunidad.

Plan de acción:

El plan de acción es la integración de todos los actores sociales, (colectivo o comunidad), donde la participación es fundamental para el estudio de la realidad social. Incorporando las estrategias metodológicas, análisis crítico, objetivos y métodos. Proceso que permite conocer sobre los problemas, las necesidades por la cual a traviesa la comunidad con fin de canalizar los medios posibles para solucionar la problemática en estudio.

Programación del proyecto comunitario:

Programar un proyecto comunitario significa

definir el conjunto de procedimientos y técnicas para ordenar las acciones que van a coadyuvar a establecer los elementos, para llevar adelante dicho proyecto comunitario.

Cronograma:

El cronograma expresa el desarrollo de las actividades del proyecto y su duración cada una de sus actividades, en función del tiempo de evaluación y de ejecución.

Presupuesto:

Dentro de la estrategia del estudio de investigativo, hay que ordenar el costo del proyecto, y presentar el presupuesto y un listado de recursos y materiales se llevara a cabo en la acción del proyecto.

CUERPO DEL PROYECTO COMUNITARIO:

El cuerpo de un proyecto comunitario se compone de los siguientes aspectos.
- Problema.
- Objetivos.
- Justificación.
- Situación contextual.
- Impacto social.
- Enfoque metodológico.
- Factibilidad, viabilidad y recursos.

Cronograma de actividades.
- Bibliografía.

Presentación del proyecto comunitario. El proyecto comunitario se debe orientar desde los siguientes enfoques.
- Diagnóstico.
- planificación.
- Ejecución.
- Evaluación.
- Sistematización.

Diagnóstico:
El diagnostico implica conocer la realidad del problema, con la incorporación activa de los actores sociales o colectivos.

Planificación:
La planificación es un método que prepara las acciones para atender o abordar los problemas, y consolidar los procedimientos, criterios, recursos, técnicas y las normas prácticas del estudio de investigación.

Ejecución:
La ejecución es realizar las acciones ya planificadas dentro del estudio investigativo y llevar a cabo los procedimiento desarrollado en la propuesta del proyecto.

Evaluación:
Es valorar las acciones entorno al trabajo investigativo, donde implica la comprensión de la realidad estudiada para profundizar el entendimiento del problema.

Sistematización:

La sistematización es el conceptualizar las característica naturales del proyecto a su vez permite interpretar y reconstruir todas las experiencias obtenidas en el proceso de estudio social, (practica social).

La presentación de todos esto procedimiento sintetizan la estructura del proyecto comunitario que permite mejorar las condiciones sociales de la población y su contexto, estudio que se realiza desde la óptica de la investigación cualitativa y la investigación acción participativa, proceso que facilita el acercamiento a los actores sociales, es decir, (el colectivos y la comunidad).

VISIÓN DE UN PROYECTO SOCIO-INTEGRADOR:

La realidad social puede ser abordada para su estudio desde diversos paradigmas, estos paradigmas se sustentan en la concepción de los hechos, casos y fenómenos sociales. Propia de la concepción de la investigación cualitativa y la investigación acción participativa, como proceso abierto y flexible, el cual disponen a escribir, valorar y organizar las ideas e interpretar la realidad estudiada. Estos enfoques permiten establecer planes de estudio, en las líneas de investigación y dar un impulso a la realización del proyecto socio-integrador.

Ontológicamente se concibe a la sociedad como

una construcción social realizada por el hombre en momentos históricos determinados e interpretado por diferentes acciones epistemológicamente, se produce conocimiento existente, en el investigador e investigadores y actores sociales que participan dentro del proceso de investigación. Cabe destacar que el proceso de producción de conocimiento basado en el sentimiento común, dichos conocimientos surge de la interpretación de la realidad social.

La investigación, desde la mirada social en marcada en la participación, sujeto y sujeto activo, lo que permite predecir y transformar la realidad en beneficio de la sociedad.

La formulación de un proyecto socio-integrador implica una serie de decisiones, de opciones para el desarrollo de la investigación. Es una formulación de estrategia que atiende ciertos requerimientos metodológicos, a través de la cual es posible exponer ordenadamente una idea para llevarla a la práctica, y valorar todo los elementos que intervienen en ello. El proyecto socio-integrador debe fundamentarse desde la concepción epistemológica, ontológica y axiológica proceso de acercamiento para el análisis de la realidad social. La metodología recurso estratégico que el investigador e investigadores deben desarrollar desde una posición teórica y práctica, enfocadas en la línea de investigación.

Un proyecto socio- integrador desde la óptica de la investigación cualitativa proporciona al investigador e investigadores herramientas fundamentales para aplicar procedimientos reflexivo, sistemático y critico que tienen como finalidad estudiar aspectos de la realidad social. Desde la participación los actores sociales (comunidad) se involucran dentro del proceso de investigación, conocer y actuar e ir al desarrollo de la transformación desde su propia capacidad de acción. La realización de proyectos socio- integrador debe estar enfocado desde un proceso dinámico, dialectico, pedagógico y social que ayude a ordenar sistemáticamente los pasos en el proceso de investigación.

Uno de los aspectos que posibilita el desarrollo de un proyecto socio- integrador es la necesidad de socializar el conocimiento y la investigación realizada. Es decir un estudio investigativo teórico, practico, análisis crítico y sistemático cuyo resultado de aplicación es una forma de acercamiento a la realidad social generando impacto en lo social, cultural, académico, científico, político y comunitario.

El proyecto socio- integrador tiene que partir de un verdadero conocimiento donde el diagnóstico participativo es la dimensión en los proceso que implica tomar decisiones para el desarrollo de la investigación. Que conduce a la transformación y el valor que tiene la comunidad participante donde se articula el conocimiento científico y el conocimiento empírico, es decir (dialéctica del conocimiento).el investigador e investigadores forman parte del mundo social, donde la observación los lleva a interpretar los hecho, casos y fenómeno sociales, vinculación de la praxis teórica y práctica que facilita la objetividad y valides del proyecto socio- integrador.

REFLEXIÓN EN EL PROCESO DE LA INVESTIGACIÓN:

Es la guía para establecer un plan estratégico en el proceso de la reflexión e investigación, enfoque fundamental para la toma de decisiones acerca de la metodología, teoría, y la práctica. La reflexión en el proceso de la investigación establece la acción del conocimiento y análisis que se orienta dentro de la planificación, la observación y las estrategias metodológicas, herramientas que permite profundizar y comprender el proceso de la investigación.

La reflexión, el conocimiento y la metodología estrategias que el investigador e investigadores deben valorar en el proceso de investigación para dar lugar a la interpretación e explicación de las acciones cualitativa y participativa, que incide en el proceso investigativo del contexto social.

La experiencia en la investigación es un factor muy importante porque hace referencia a la práctica y al conocimiento continuo de la realidad observada en estudio o en el escenario de investigación. Donde los investigadores aportan con su estrategia metodológica, y sistemática al proceso cualitativo, vinculado a la participación y reflexión, que permite alcanzar u obtener conocimiento en torno a las propuestas propias del sujeto en estudio (objetividad).

En todo proceso de investigación va enmarcada la reflexión como elemento orientador a la estrategia metodológica, proporcionando una manera clara y precisa de la investigación, desde un proceso sistemático y controlado tiene la finalidad de estudio en los aspectos práctico. En la investigación cualitativa y la investigación acción participativa en su desarrollo, los investigadores y actores sociales deben comprometerse, con las acciones y estrategias en el proceso que conforma la investigación y el reflexionar sobre la perspectiva del cambio social.

"La reflexión es la apertura, de la comunicación, análisis, claridad, participación y comprensibilidad del contexto social."

Conocimiento, reflexión, análisis articulación relacionada con la investigación cualitativa donde se identifican, y se interpreta la naturaleza profunda de las realidades sociales. El conocimiento, reflexión, análisis fundamentan los métodos y técnicas en el proceso de investigación social, objetividad que tiene como sentido profundizar el entendimiento de un hecho social. Conocimiento, reflexión, análisis son factores dominante a lo largo de la investigación, planteamiento que permite la concepción del proyecto social.

El investigador e investigadores desde la articulación del conocimiento, reflexión, análisis tienen como herramientas metodológicas, para establecer línea de investigación fundada en la comprensión científico social.

PRINCIPIOS ÉTICOS, EN LA INVESTIGACIÓN:

La ética es una disciplina normativa. Su propósito último es definir y establecer normas o reglas de conductas que postulan deberes que las personas deben cumplir.

Los principios éticos es la solidaridad, y se refiere a la disposición de los seres humanos a prestarse apoyo y ayuda mutua. Todos necesitamos de los demás para atender nuestras necesidades, del mismo modo que los demás necesitan de nosotros. Solo viviendo en comunidad podemos alcázar nuestra calidad humana, este hecho nos plantea fortalecer la vida comunitaria.

La ética en el proceso de investigación debe ser la guía para orientar el proceso del estudio investigativo. Donde se establece la relación entre investigadores y actores sociales y todos los que participan en el proceso de investigación, siguiendo la norma de la ética en el estudio social. Dentro de la norma ética está el respeto por su autonomía, la libertad y confianza para con los actores sociales, (colectivos o grupos comunitarios), en su toma de decisión y actuar en consecuencia de ella, este principio se expresa por lo general a través del consentimiento informado y continuo de los grupos que participan en la investigación. Este principio ético se expresa, en la participación de la investigación, dotándola de habilidades y capacidad para la toma de decisión en cada actividad para su transformación.

Mediación en la investigación cualitativa:

La investigación cualitativa en su naturaleza dialéctica, plantea develar significados sociales, descubrir los valores e ideas que sustente la práctica. El investigador cualitativo, como mediador no solo es tener contacto con el sujeto social sino ir desarrollando acciones teóricas, metodológicas que implique diversas concepciones del conocimiento y su realidad. La mediación en la investigación cualitativa es pragmática y dinámica donde vincula todo el proceso investigativo generando capacidad de comprender, analizar y jerarquizar la problemática abordada.

En el proceso de mediación la concepción ontológica se convierte en un fundamento importante, para la intervención del investigador cualitativo y los sujetos sociales donde se fundamentan su abordaje teórico y también metodológico produciendo interés en los actores sociales implicado en el estudio, al mismo tiempo relacionar la actividad de investigación para que aporten soluciones que sirvan para la transformación.

Desde la perspectiva cualitativa la mediación, permite plantear dialogo permanente entre la práctica y la teoría, considerando que en el proceso de investigación como instrumento de cambio se constituye en una valiosa herramienta para vehiculizar cambios en las estructuras sociales. La mediación desde su perspectiva hace referencia al conocimiento teórico y metodológico, mediación que se expresa en diferentes acciones, tales como la capacidad de comprender a las organizaciones sociales como un sistema, para jerarquizar los problemas y analizar la realidad y acercarse a la comprensión científica social. En la investigación cualitativa la mediación es un entendimiento así la investigación y su modalidad, criterio para sistematizar las acciones del conocimiento, teoría, practica y reflexión del estudio investigativo.

En síntesis podemos decir que la mediación expresa el sentido de la investigación cualitativa a través de su carácter interpretativo.

ROL DE LOS INVESTIGADORES EN LA LÍNEA I.A.P. Y LA INVESTIGACIÓN CUALITATIVA:

Es importante destacar que todo proceso de investigación se plantean interrogantes que se formula o se plantea el investigador e investigadores ante una realidad o fenómeno de estudio. Es una relación que permite profundizar el conocimiento y la convivencia donde se procura establecer las estrategias que se afrontan en el proceso de investigación. La acción metodológica debe aplicarse a través de un lenguaje práctico, técnico, reflexivo y comprensivo, de la investigación acción participativa y la investigación cualitativa, que a su vez articulan la teoría y la práctica generando la posibilidad de establecer un diseño o línea de investigación, que someta el análisis, la práctica, la reflexión y la participación. Los investigadores en su rol tienen una alta responsabilidad con el estudio investigativo, y el sujeto de estudio (actores sociales) participación que les permite visibilizar la realidad social y valorar sus posibilidades y su propia capacidad de acción para transformar su realidad social. El investigador dentro su rol del quehacer es la construcción del conocimiento, para general conocimientos que surgen de la interpretación de la realidad social. Es importante señalar que la investigación acción participativa y la investigación cualitativa promueven la creación de nuevos paradigmas sociales, entendiéndose que es un proceso de integración y verdadero conocimiento para la organización social, (comunidad). Permitiendo ser protagonista de la investigación y su transformación emancipadora. El investigador e investigadores en su rol, hacen del proceso de investigación una gran precisión y rigor metodológico que vincula la teoría y la práctica, para profundizar y socializar el proceso de investigación, en su enfoque científico y social.

CONCLUSIONES DE INVESTIGACIÓN:

Las conclusiones de investigación sintetizan la complejidad de la realidad estudiada, la conclusión puede servir de eje para la discusión entre los investigadores sobre las estrategias y acciones dirigidas a la solución del problema que se investigó, enfatizando el estudio del proceso de investigación cualitativa. Podemos decir que con la experiencia desarrollada en el escenario de investigación podemos hacer énfasis en la validez del proceso de investigación a través del acercamiento de la realidad estudiada.

Es importante analizar las conclusiones del trabajo investigativo para comprender y profundizar los hechos, caso o fenómeno explorado desde el punto de vista de los investigadores y participantes, relacionado con el contexto sobre todo con el tema estudiado. La conclusión o síntesis precisa el nivel de conocimiento, análisis, metodología y evaluación de los procedimientos, acción para concretar los resultados obtenidos, y sintetizar las ideas principales de la investigación. Para el investigador cualitativo las conclusiones constituyen una tarea de experiencias donde debe ser capaz de contextualizar e interpretar los hallazgos alcanzado en el proceso de investigación. Las conclusiones contribuyen a las propiedades que caracterizan el fenómeno, y de qué modo las interacciones sociales, las prácticas y el lenguaje de los sujetos contribuyen a modificarlo o consérvalo desde la perspectiva de la participación. De esta forma el estudio quedara vinculado con una estructura teórica práctica, que puede abrir camino para otras investigaciones desde la acción cualitativa.

INTENSIFICACIÓN DEL I.A.P.

Intensificación del estudio, práctica y teórico de la investigación acción participativa.

Intentando hacer una síntesis del aprendizaje de una
Nube de inquietudes, de recuerdos de mis estudios universitarios
Viviendo en diversos sectores de caracas, los valle del tuy, cultca, para construir
Esperanzas de un presente mejor, para el futuro
Soñando en un qué hacer, en una identificación de problemas a través de una
Transdisciplinaridad del sí, de los otros, en los otros
Indagando en un diagnostico
Ganando en la participación
Aunado en la expresión de pensamiento, de las
Cuerdas de la socialización entre personas
Inquieta, serenas, reflexivos y hasta apático. Todos son parte de un
Orgullo de una metodología y que
Nada en las aguas del conocimiento

Accionando en una dirección
Consiente del reto de
Crecer en una comunidad
Incluyendo el medio ambiente, que es

Opacado por la obstinación de no querer entender que somos seres integrales
Nunca creer que seamos transformadores de realidades interna y externa

Participando, recogiendo informaciones, construyendo las técnicas o
Ahogado por las necesidades de lo urgente a lo importante
Rara vez se da un espacio para reflexionar en grupos.es el
Tiempo de ver resultados
Inclinados en la posible solución
Cuando se
Intensifica la vida, el dolor, la alegría, la constancia, la rabia para
Planificar, para discutir las ideas
Analizarlas desde lo crítico
Teniendo en la interpretación lo
Inmortal de una historia. Es un Volver a empezar en una dinámica que fluye, que otorga un
Volver a empezar en una dinámica que influye, que otorga
Amanecer de nuestro ser y nuestro poder de quienes somos y hacia dónde vamos

Síntesis de conocimiento del I.A.P
FUENTE: Carmen o. Izaguirre/UPTAM-CA/junio 2017

PERSPECTIVA CUALITATIVA

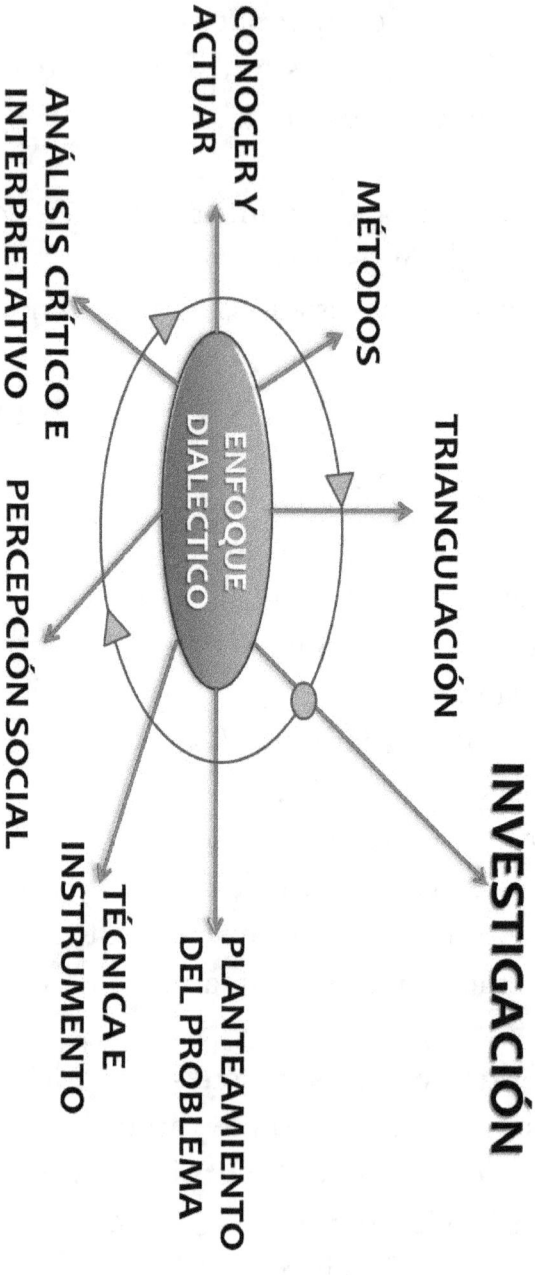

Los modelos graficados representan la síntesis del paradigma cualitativo y su perspectiva en la investigacion.

PARADIGMA CUALITATIVO

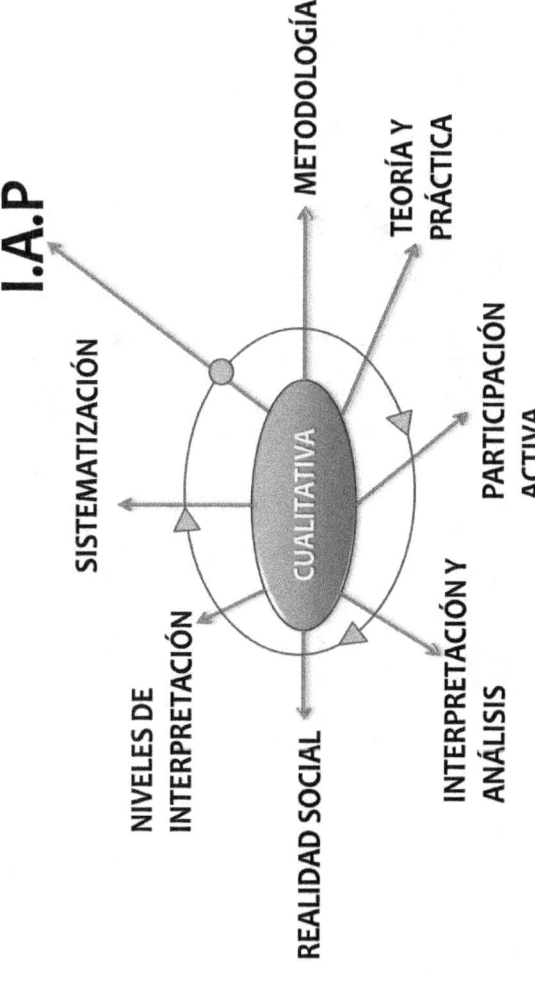

EPISTEMOLOGÍA – ONTOLOGÍA RELACIÓN INTERCONECTADAS
PROCESOS DE ACERCAMIENTO A LA INVESTIGACIÓN CUALITATIVA

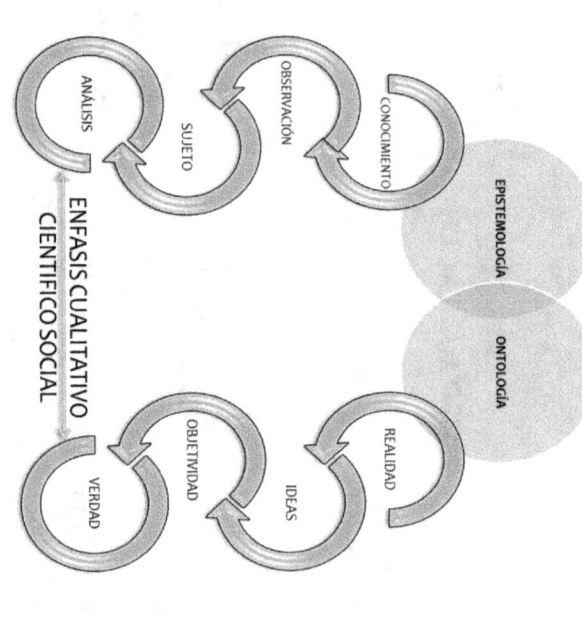

ACCIÓN CUALITATIVA

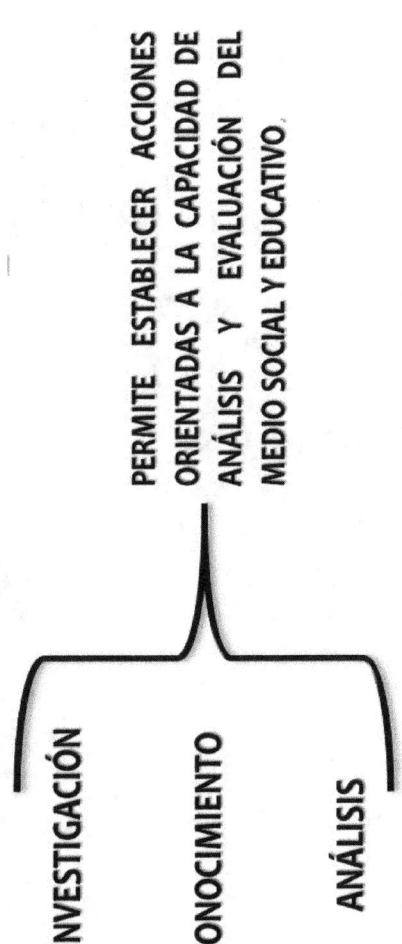

- INVESTIGACIÓN
- CONOCIMIENTO
- ANÁLISIS

PERMITE ESTABLECER ACCIONES ORIENTADAS A LA CAPACIDAD DE ANÁLISIS Y EVALUACIÓN DEL MEDIO SOCIAL Y EDUCATIVO.

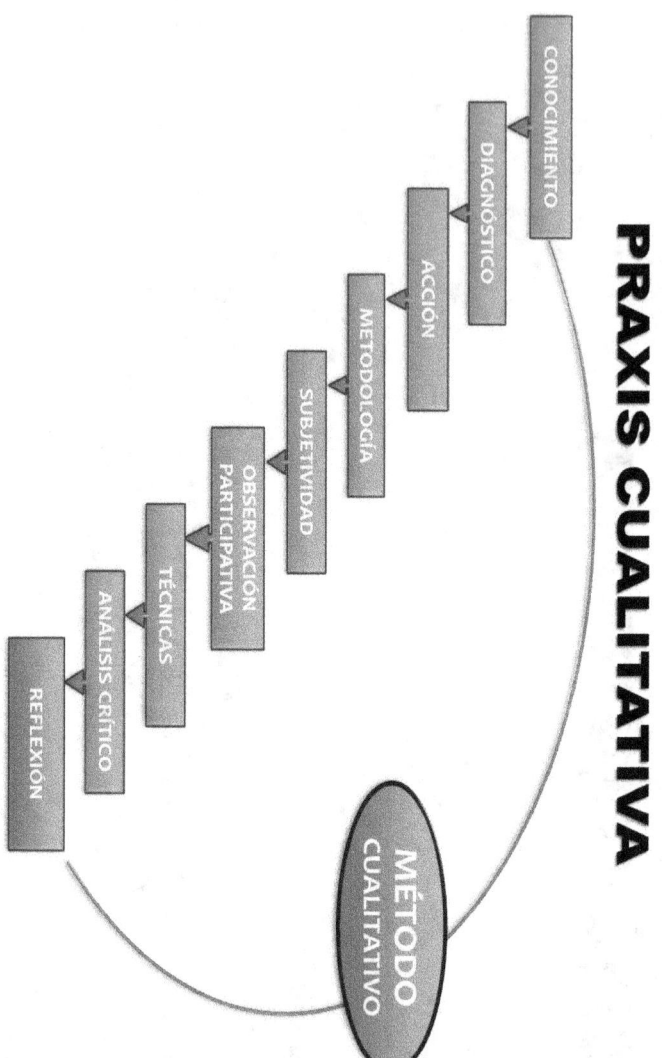

ENFOQUE DE ANÁLISIS

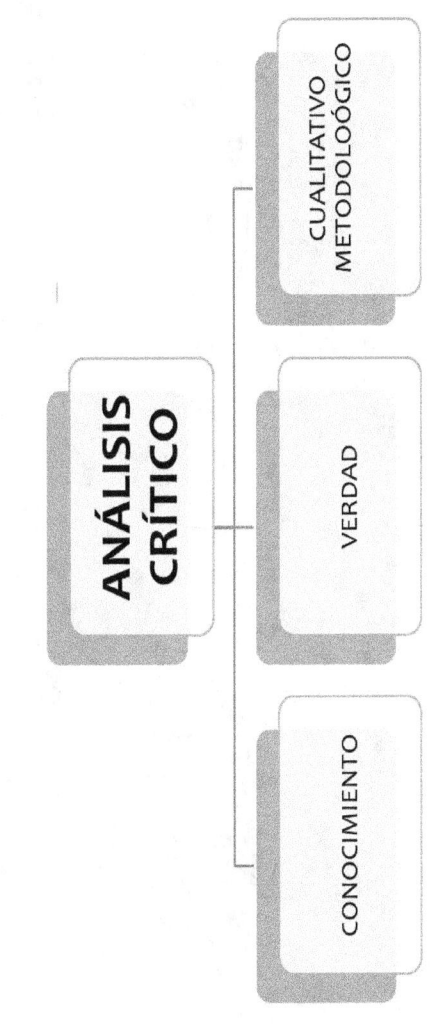

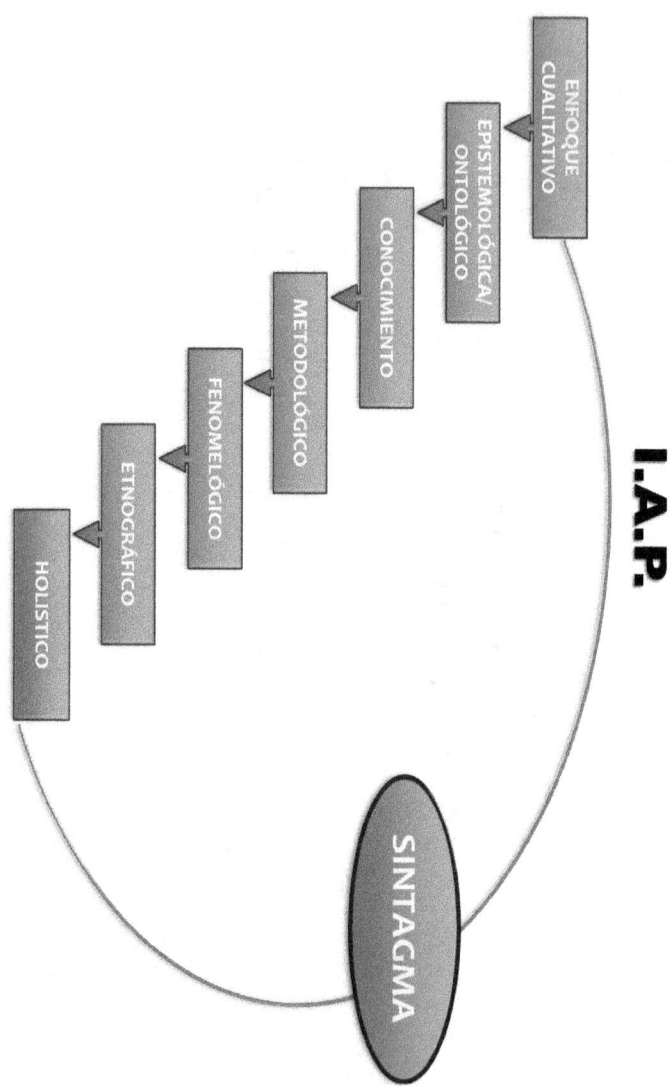

CONCLUSIÓN:

Como lo dije antes la investigación es abrir el abanico e identificarse con los procedimientos de la investigación y reflexión. La investigación establece un recorrido por el conocer, actuar e interpretar los procedimientos formulado en el proceso de investigación. La investigación cualitativa y la investigación acción participativa, sus planteamientos adoptan la necesidad para diversificar el conocimiento y con ellos las diferentes disciplinas como la epistemología, ontología, axiología, etnografía, holística y fenomenología. Disciplinas que se articulan con el proceso de investigación desde el ámbito social. El investigar no es una actividad fácil, requiere de un verdadero compromiso y participación del investigador e investigadores o estudioso de los hechos o fenómenos sociales, con el fin de dar con la objetividad y veracidad que requiere el estudio investigativo, para conocer la dimensión en los proceso que implica tomar decisiones para el desarrollo de la investigación. La concepción de investigar cuyo propósito es el acercamiento claro y preciso al problema con sentido científico y social, orientado a la objetividad y subjetividad, así como la vinculación teórica y práctica que se fundamenta en el conocimiento científico, social y humanista. Dicho enfoque permite integrar a los actores sociales (colectivo) desde su propio espacio y genera la transformación a través del camino de la investigación. En síntesis, la investigación busca de mostrar la verdad y la objetividad, intenta llegar al fondo de los hechos o casos y explicar los resultados a través del apoyo de estrategias metodológicas, método, análisis y hacer la descripción del fenómeno de la investigación. Para Bunge: la ciencia es el conocimiento racional, sistemático, exacto, verificable y por lo siguiente falible. Los investigadores que viven sus experiencias en un ambiente equilibrado, podrán establecer estrategias para diversificar el conocimiento y contribuir a elevar el sentido de la investigación cualitativa, este planteamiento ofrece una visión bastante amplia para conocer la realidad social e identificarse con los actores sociales o colectivos, relación que ayudara al análisis, interpretación, razón, verdad, realidad y el conocer humano. Cuando investigamos nos encontramos en el camino las bondades del conocimiento verdadero. El autor.

GLOSARIO:

Acción:
Tiene semejanza con la participación, de allí que se habla con bastante frecuencia de investigación. Se refiere también de forma general al acto de hacer algo o al resultado del mismo.

Análisis:
Es la descomposición de un todo en parte, para poder estudiar su estructura y su naturaleza, donde se comprende diversos tipos de acciones con distintas características y en diferentes ámbitos.

Argumentación:
Es una variedad discursiva con la cual se pretende de defender una opinión y persuadir de ella mediante pruebas y razonamiento, que están en relación con diferente razonamiento humano.

Axiología:
Lo que se refiere al problema de los valores. Es la estructura de valores de persona la que le brinda su personalidad, percepciones y decisiones.

Actividad:
Alude al movimiento, el quehacer o el proceso vinculado a un cierto sector o ámbito, constituye un medio de motivación para encaminar la investigación, y el conocimiento y despertar las aptitudes creativas.

A priori:
Anticipada o hipotéticamente. Previo a la experiencia o que no depende de ella.

Conocimiento:
Es la capacidad que posee el hombre de aprender informarse acerca de su entorno y de sí mismo.

Ciencia:
Disciplina que crea teoría mediante la observación empericas.

Cualitativo:
Distribución de una clase de objeto a otra según el tipo o la especie y no por la magnitud del mismo.

Cuantitativo:
Medición de variables en función de magnitud, extensión o cantidad.

Confiabilidad:
Condición en la cual las observaciones repetidas del mismo fenómeno con un mismo instrumento presentan resultados similares.

Conclusión:
Enunciado que se deduce de una premisa, mediante ciertas reglas lógicas.

Diagnóstico:
Toma de decisiones de acuerdo a la particular visión del problema o problemas que afectan una determinada comunidad, es conocer sus realidades.

Diagnóstico participativo:
Es una herramienta metodológica, dentro del proceso investigativo social, el diagnóstico participativo es un proceso sistemático que sirve para reconocer una determinada situación y el porqué de su existencia.

Dialéctica:
Arte de discutir, parte de la lógica que enseña las reglas y modos de razonamientos, Aristóteles considera la dialéctica como ciencia de los argumentos probables, ciencia de la demostración.

Descripción:
Declaración de las características que presentan los fenómenos.

Entrevista:
Conversación guiada entre dos o más personas que se conducen para obtener información. Se prepara para ello un guion de entrevista, que permita canalizar la conversación y registrar la información necesaria.

Epistemología:
Es una disciplina que estudia cómo se genera y válida el conocimiento de las ciencias. Su función es analizar los preceptos que se emplean para justificar los datos científicos, considerando los factores sociales, psicológicos e históricos.

Estructura:
Es la disposición y orden de las partes dentro de un todo, también puede entenderse como un sistema de conceptos coherentes enlazados cuyo objetivo es precisar la esencia del estudio.

Etnografía:
Es el estudio de las etnias y conocer, analizar su modo de vida, de una raza o grupos de individuos.

Etnología.
Es la ciencia que estudia comparativamente las culturas de los pueblos primitivos y modernos.

Empírico:

Observación por percepciones sensoriales.

Factibilidad:
Se refiere a la disponibilidad de los recursos necesarios para llevar a cabo los objetivos o metas señaladas, el estudio de factibilidad es una de las etapas del desarrollo de un sistema informativo.

Fenomenología:
Es una ciencia de objetos ideales, por tanto, a priori y universal, porque es ciencia de la vivencia que comprende un método y un programa de investigación.

Guía de entrevista
Instrumento de observación que consiste en una serie de preguntas no estructuradas, formuladas y anotadas por el entrevistador.

Grupos control
Sujetos que, en un experimento, son observado sin recibir la variable experimental.

Hermenéutico
Es el arte de la interpretación es el esclarecimiento del sentido de algo, en su dimensión filosófica se remite una serie de problemas básico, la hermenéutica se entendió dentro del contexto religioso, como un conjunto de reglas para un entendimiento correcto de la biblia.

Heurístico:
Trabajo de buscar documentos en fuentes históricos, método analítico que ayuda a descubrir las propiedades o fuentes de algo.

Hipotético:
De la hipótesis, supuesto, imaginario y deseable.

Holístico:
Es aquello perteneciente al holismo, una tendencia o corriente que analiza los eventos desde el punto de vista de las múltiples interacciones que las caracterizan, para la comprensión holística, el todo y cada una de las partes se encuentran ligadas con interacciones constantes.

Hecho:
Fenómeno dado que puede ser estudiado.

Hecho científico:
Información emperica valida y confiable, de acuerdo con el método científico.

Idea:
Es la representación intelectual de un objeto. Difiere de la imagen, que es la representación determinada de un objeto sensible.

Inteligencia:
Es la facultad de aprehender las cosas en tanto que reales, a diferencia de los sentidos, que las aprehenden en tanto que estímulos.

Intuición:
Percepción inmediata y sin elaboración racional, de una idea u objeto.

Investigación:
Es una actividad humana orientada a la obtención de nuevos conocimientos.

Identificación:
Se analizan los problemas, las necesidades y los intereses sobre el estudio investigativo.

Mayéutica:
Consiste en la creencia de que existe un conocimiento que se acumula en la conciencia por la tradición y la experiencia, en la mayéutica el individuo es invitado a descubrir la verdad.

Metafísica:
La metafísica herencia filosófica de Aristóteles y significa literalmente, lo que sigue después de la física. El propio Aristóteles había denominado a esta parte de su doctrina filosófica, filosofía primaria que investiga los principios superiores de todo lo existente.

Metodología:
Es un recurso concreto que deriva de una posición teórica, práctica y epistemológica estrategia para la selección de técnicas específicas de la investigación.

Método:
Proceso de sistematización establecido para realizar una tarea o trabajo con el fin de alcázar un objetivo predeterminado.

Ontología.
Palabra compuesta de los términos griegos, ortos y logos, que significa tratado del ser. Acuñada en el siglo XVII, por su discípulo Descartes, vino a yuxtaponerse o a reemplazar el viejo nombre de metafísica. En realidad, se trata de un nombre para designar la metafísica que se desarrolla dentro del horizonte moderno de la subjetividad, dentro del cual el ser queda referido al cogito o conciencia, se reduce en ultimas a pensamientos subjetivo o absoluto. Es en esencia una metafísica idealista.

Ontológico argumento:
Kant llamo prueba ontológica de la existencia de Dios a los argumentos a priori, es decir, aquellos que pretenden probar la existencia de Dios como ser perfectísimo al que no puede fáltale la perfección del existir, pues de lo contrario no sería omniperfecto.asi san Anselmo, Descartes y Leibniz.

Panteísmo:
Palabra griega que significa que todo es Dios o que el todo es Dios. En realidad, se trata de cosmovisiones monista en las que no se admite dualismo entre Dios y el mundo.

Paradigma:
(Relación paradigmática). La existencia entre elementos que pueden ocupar una misma posición funcional en el enunciado.

Paradoja:
Significa en griego lo que es contrario y por lo consiguiente choca con las opiniones del común. En lógica se entiende por paradoja las contradicciones inherentes a una forma de pensar o aun sistema. En este caso paradoja es sinónimo de antinomia o dificultad, sean solubles o insolubles.

Perfección:
Decir de un ser que es perfecto significa que está acabando y por completo en lo que corresponde ser de acuerdo con su naturaleza.

Persovisión:
Visión de lo humano, concepción antropológica que nace de reconocer al humano como persona.

Pluralismo:
Este termino de significado bastante amplio se utiliza para designar aquellas posturas filosóficas que oponen al monismo (todo se reduce a una sola realidad) e incluso al dualismo (dos realidades opuesta), aunque este ya entraña la idea de pluralidad, tradicionalmente se distinguen un pluralismo metafísico u ontológico y otro epistemológico.

Predicable:
Que se puede atribuir a un sujeto determinado, cada uno de los tipos de predicación por los que un concepto puede ser referido a un sujeto lógico.

Predicado:
Lo que se afirma de un sujeto, el estudio de este término da origen a la lógica de predicados, parte de la lógica de términos, que se diferencia de la lógica de anunciados o proposicional porque en esta se torna la proposición como un todo no analizado en sujeto y predicado. Es decir, sin tener en cuenta los términos de la misma propiedad.

Realidad:
Ordinariamente se identifica lo real con lo que existe en si, por fuera de la conciencia, y se opone a lo intencional o lo que existe en la conciencia. Realidad sería entonces sinónimo de existencia allende la aprehensión. Pero si esto es así, ¿Cómo llegar de lo intencional a lo real o existente en sí? Zubiri niega que realidad sea sinónimo de existencia. Para los animales las cosas existen, pero no son reales. La realidad es para zubiri una formalidad o forma de quedar las cosas en la aprehensión humana como algo de su yo o en propio. En la aprehensión animal, las cosas quedan bajo la formalidad no real. Las cosas para el animal son signos objetivos de posibles respuestas y se agotan en ser signos. Mientras que para el hombre esas mismas cosas se la presentan como reales. Lo real se da en la aprehensión primordial en forma de impresiones, que no son meramente sensibles, sino que son impresiones de realidad. De la realidad aprendida puede marchar el conocimiento de la realidad allende la aprehensión. Es la obra de la marcha de la razón hacia el fundamento de lo real aprehendido.

Relación:
Es uno de los accidentes de Aristóteles y se define como el respecto de una cosa a otra. En toda relación existen el sujeto, el término y el fundamento de la relación.

Sinergia:
Coincidencia energética, expresiones, manifestaciones y tendencias de los eventos en el conjunto de su interacción. Las sinergias expresan relaciones, pero a su vez constituyen un evento.

REFERENCIAS BIBLIOGRÁFICAS

Riu, F. (1966). Ontología del siglo xx. Caracas Venezuela, colección avance.

Burks, Ignacio. (1985). Filosofía. Ediciones ínsula caracas Venezuela.

Abbagnano, Nicola, (1986). Diccionario de filosofía, fondo de cultura económica.

Marchioni, M. (1987). Planificación social y organización de la comunidad, Ed popular Madrid.

Cook, t y Richard. (1988). Métodos cualitativo y cuantitativo de investigación. Buenos aires.

Murcia F. Jorge. (1988). Investigar para cambiar, un enfoque sobre investigación acción participativa. Ed. Magisterio, Bogotá.

Fals Borda, Orlando. (1989). La ciencia y el pueblo en la investigación participativa y praxis rural. Lima-moxa, azules editoriales.

Valdez, Julio. (1989). Cielo y suelo de la investigación acción participativa. Caracas Venezuela.

S.J. Taylor y r Bodgdan. (1990). Introducción a los métodos cualitativos de investigación. Ed paido Barcelona.

Cerda Gutiérrez, Hugo. (1991). Los elementos de la investigación. Ed, el búho. Santa fe, Bogotá.

V. Altamirano José (1991). Metodología de la investigación. Paraguay, S.A.P.

Reliman, A y O. Fals B. (1992). La situación actual y las perspectivas de la investigación acción participativa en el mundo.

At kinson, p y Hammersley, m. (1994). Etnografía, método de investigación.

Levi, Strauss, Claude. (1995). antropología estructural. Barcelona. Ed Paidós ibérica.

Maturana, H y VARELA, F. (1996).el árbol del conocimiento, las bases biológica del conocimiento humano. Madrid.

Valles, M. (1997) Técnicas cualitativa de la investigación social, reflexión, metodología y práctica profesional, Madrid, síntesis.

Miguel Martínez M. (1998). La investigación cualitativa. Etnográfica en educación, editorial, trilla.

López de Caballos p. (1998). Un método para la investigación acción participativa. Ed. Popular Madrid. (3ra Ed).

Evaristo M. Fernández. (1998). Metodología de investigación. Ed. Júpiter. C. A.

Stake, R. E. (1999). Investigación con estudio de casos. Madrid, Morata.

V V. AA. (200). La investigación social participativa. Ed, el viejo topo. Barcelona.

Descartes. R. (200). El discurso del método. Madrid. Ed. Alba.

Ibarra Martin, f. (2001). Metodología de la investigación social. La Habana, editorial Félix Varela.

Strauss, A. (2002). Bases de la investigación cualitativa, técnicas y procedimientos para desarrollar la teoría fundamentada. Colombia, Antioquia.

Álvarez, Gayón, Juan. (2003). Como hacer investigación cualitativa, fundamentos y metodología. Editorial. Piados México.

Quiroz, Maesthela. (2003). hacia una didáctica de la investigación cualitativa. Fundamento metodológico.

Oswaldo, R. Hervía, Araujo. (2004). Reflexiones metodológica y epistemología sobre las ciencias Sociales. Fondo editorial tropykos. Caracas Venezuela.

Ander, Egg.E. (2004). Método y técnicas de investigación social. Editorial lumen, Buenos aires.

José, A. Yuni, Claudio A. urbano. (2005). Investigación etnográfica, investigación acción.3ra edición. Editorial brujas. Córdoba, Argentina.

Dora García Fernández. (2006). Metodología de trabajo de investigación guía práctica. Editorial trillas.

Aguilar M, José. (2006). Trabajo social y metodología. Editorial. Lumen. México.

Cesar A Bernal. (2006). Metodología de la Investigación. Editorial, lumen. México.

Filiberto M. Pestana, Santa. P. stracuzzi. (2006). Metodología de la investigación cuantitativa. Ediciones. Fedupel.

Tojor J.C. (2006). Investigación cualitativa. Comprender y actuar. Madrid. La muralla.

Roberto H, Sampieri y otros. (2006). Metodología de investigación. 4ta edición. McGraw/interamericana. Editores S.A.

Themis, Ortega, Santo. (2007). La fenomenografia, una perspectiva para la investigación, de aprendizaje y enseñanza. Pampedia.

Mejía, R y Sandoval, S. (2007). Tras las vetas de la investigación cualitativa. Perspectivas y acercamientos desde la práctica. Instituto tecnológico y estudio. México.

Matos, Eneida y Homero Fuente. (2007). Lo epistemológico en la lógica del proceso de investigación. (Universidad libre). Santa fe de Bogotá, Colombia.

Carmen, Álvarez. (2008). La etnografía como modelo de investigación. Barcelona España.

Murillo Javier y Cynthia M. (2010).La etnografía como modelo de investigación. Barcelona España.

Francisco José, Ávila .f. (2010). Filosofía, epistemología

y hermenéutica en el pensamiento.

Guanipa, M. (2011). Opciones epistemológicas y la relación dialógica en la investigación. Talos.

Aragón. A. (2011). Análisis de datos cualitativos. Medellín Colombia.

Rubén Mendoza E. y otros (2012). Etnografía investigación acción participativa. Prezi.

Denzin, N. y Lincoln, y. (2012). Manual de investigación cualitativa, volumen dos, paradigma y perspectiva en disputa. Barcelona. Gedisa.

Irene de Gialdino. (2012). Los fundamentos epistemológicos de la investigación cualitativa. Celpiette, (conicet).

Henry T, Hinojosa Zerpa. (2013). Investigar para subvertir, fundamentos de la investigación acción Transformadora. Fondo Ed. William Lara. Caracas Venezuela.

Rubén Flores. (2013). Principio y enfoque metodológico de la investigación acción participativa, desde el ámbito social. Ed. Miranda. Villa de cura. Estado Aragua. Venezuela.

Rubén Flores. (2014). Principio y enfoque metodológico de la investigación acción participativa, desde el ámbito social, etnográfico cualitativo. 2da edición. Edición ampliada. Ediciones nueve 12, C.A. caracas Venezuela.

Luis Damián. (2014). Modelo dialéctico de la investigación social. Editorial. Trinchera.

Rubén Flores. (2015). Conocimiento e investigación acción participativa enfoque metodológico. Ed. Nueve 12, C.A. caracas Venezuela.

CONTENIDO

Dedicatoria	5
Agradecimientos y colaboración	6
Introducción	7
Capitulo I: Acción cualitativa	11
Capítulo II: Elementos filosóficos vinculados al paradigma cualitativo	43
Capitulo III: Proceso de orientación a la investigación cualitativa.	59
Capitulo IV: Desarrollo de la investigación desde su perspectiva.	73
Capítulo V: Estrategia metodológica en el proceso de investigación.	89
Capitulo VI: Perfil del análisis de investigación.	97
Capitulo VII: Herramienta de conocimiento aplicada en el proceso de investigación	103
Capitulo VIII: Procedimiento y fundamentación de la investigación	127
Conclusión:	173
Glosario:	175
Referencias bibliográficas	181

Este libro fue diseñado y exportado para su publicación en AMAZON por SULTANA DEL LAGO EDITORES, en los talleres gráficos del poeta Luis Perozo Cervantes, en Maracaibo, estado federal del Zulia, en el continente americano, del planeta tierra; a los 11 días del mes de junio de 2024, el mismo día de 1940 en que se naciera el periodista, político, escritor (ensayista, biógrafo, novelista, historiógrafo) y productor de televisión, Vinicio Romero Martínez.

www.ingramcontent.com/pod-product-compliance
Lightning Source LLC
Chambersburg PA
CBHW071828210526
45479CB00001B/45